AFFLUENCE
INTELLIGENCE

Earn More, Worry Less,
and Live a Happy and Balanced Life

人生的财富，
不是金钱那么简单

[美] 史蒂芬·古德巴特　琼·迪芙利雅◎著

许志◎译

北京大学出版社
PEKING UNIVERSITY PRESS

著作权合同登记号　图字：01—2013—0827

图书在版编目（CIP）数据

人生的财富，不是金钱那么简单 /（美）古德巴特（Goldbart,S.），（美）迪芙利雅
(Difuria,J.) 著；许志译 . —北京：北京大学出版社，2013.9

ISBN 978—7—301—21994—2

I. ①人…　II. ①古…②迪…③许…　III. ①财务管理－通俗读物②私人投资－通俗读
物　IV. ①TS976.15-49②F830.59-49

中国版本图书馆 CIP 数据核字（2013）第 016456 号

AFFLUENCE INTELLIGENCE © 2013 by STEPHEN GOLDBART AND JOAN DIFURIA.
Simplified Chinese Language edition published in agreement with The Agency Group, through
The Grayhawk Agency.

本书中文简体版由北京大学出版社出版。

书　　　名：人生的财富，不是金钱那么简单
著作责任者：〔美〕史蒂芬·古德巴特　琼·迪芙利雅　著　许志　译
责 任 编 辑：宋智广　任军锋
标 准 书 号：ISBN 978—7—301—21994—2/F · 3489
出 版 发 行：北京大学出版社
地　　　址：北京市海淀区成府路 205 号　100871
网　　　址：http://www.pup.cn　新浪官方微博：@北京大学出版社
电 子 信 箱：rz82632355@163.com
电　　　话：邮购部 62752015　发行部 62750672　编辑部 82632355　出版部 62754962
印　刷　者：北京正合鼎业印刷技术有限公司
经　销　者：新华书店
　　　　　　787 毫米 × 1092 毫米　16 开本　15 印张　195 千字
　　　　　　2013 年 9 月第 1 版　2013 年 9 月第 1 次印刷
定　　　价：38.00 元

本书将要告诉你，那些真正拥有财富的人，在经济上取得巨大成功的同时，是如何一并获得幸福和满足的。

作为美国加州金钱、意义和选择研究所（Money, Meaning & Choices Institute）的创始人，我们在财富与幸福这个研究领域小有名气。1999年，为了描述新兴阔人们所面临的挑战和机遇，我们生造了"暴发户综合征"这个词，出人意料的是，一夜之间，我们成了媒体追捧的焦点，全世界的电台、电视台、报纸和杂志潮水般涌来采访我们。那时正值一个造富的时代，据《旧金山纪事报》报道，当时单单硅谷，每天就会新造64个百万富翁。是的，那就是美国历史上被称为"非理性繁荣"的时代，也被今天的人们称为"极端狂妄"的时代。而彼时我们之所以会受到关注，是因为我们给出的是一个超出一般常识的结论：金钱并不意味着问题全解决，也不意味着幸福长相伴。在访谈中，有人对我们抱以嘲讽和质疑，也有人满怀好奇，共鸣强烈。

多数人都相信，一旦不差钱，快乐自相随。可实际上，这事儿想象一下容易，要见诸事实却难，因为人的生活并不像银行卡中的数字那么简单。一般说来，钱挣得越多，欲望就越多；拥有的越多，带来的快乐却越少。哈佛大学心理学教授、《哈佛幸福课》（Stumbling on Happiness）的作者丹尼尔·吉尔伯特说过，一旦你有了足够满足基本需求的钱，更多的钱就不会再增加你的幸福感。原因很简单（只不过这些原因与人们固有的认识并不相符）：首先，人们容易高估物质所带来的快乐，会一趟趟地跑到购物中心和汽车经销商那儿，期待能买到更多的快乐——这是一种被经济学家称为"快乐妄想症"的表现；其次，钱多了也会产生一些问题，比如，会让你的压力越来越大。

想一想霍华德·休斯，临终前腰缠万贯，却饱受偏执和孤独的折磨；再想想英国王妃戴安娜，嫁入欧洲最富有的家庭，住的是城堡，能得到任何物质上的满足，但她亲口承认自己的生活简直可以用"悲惨"来形容。

世界上还有另一种人，他们拥有某些特质，他们能享受到人人梦想的高品质生活。这种特质，就是被我们称为"财商"（AIQ，Affluence Intelligence Quotient）的东西，而这种特质正是我们所缺少的。本书将为你揭开一个秘密：有"财商"特质的人是如何获得安宁、舒适和幸福的。

一个令人惊讶的事实是：对金钱的需要，我们都有一个饱和点。一千万美元带来的快乐，并不比八百万多。最近美国普林斯顿大学的一项调查表明，幸福和金钱之间并不存在正比关系。研究人员发现，如果一个人的年收入在7.5万美元以下，他通常不会感到幸福。收入越是低于这个标准，他的不幸福感越强烈。但令研究人员深感惊奇的是，不管人们的年收入比7.5万美元高出多少，其幸福感都不会有明显的增加。这被称作"收益递减定律"，即你付出的努力在不断地增加，但到了某一临界点之后，你所得到的回报却增长得越来越慢。

那会儿我们被媒体轰炸了差不多有两年，大概是因为我们工作的核心触及了21世纪美国梦的标准诠释公式。尽管财富会带给某些人困扰，但同时我们也看到，对于具有独创精神、乐观精神、时间观念、严谨态度、人脉技巧和坚韧意志的另一些人来说，人们梦寐以求的金钱与满足兼而有之，仍是可以实现的"梦想"。长期和这些富足的人在一起，逐渐了解到他们是怎样的一些人，他们是怎样成功的之后，我们得出一个惊人的结论：他们在化学成分和才能上和我们并无二致。他们跟你一样，你也可以成为他们。

在此，我们要再次发布一个大多数人都不敢相信的宣言：人人都能得到真正的富足，只要你有勇气去诚实地面对自身的优点和弱点，拥抱变化，愿意使用本书提供的"财商"策略。

我们将带你走上一条既能激发大脑、心灵和精神的最大潜能，又能享受到自我满足与和谐情感的康庄大道。这并不只是金钱那么简单，对吗？没错，我们这套策略，能让你得到更多的钱，但同时它将带给你的，还有远非你的财产所能比拟的巨大精神财富。

写作本书时，正好发生了金融危机，许多银行和金融机构纷纷破产。在大萧条的冲击下，许多人开始反思：如何改变我们的生活？同时，人们开始质疑我们对金钱的原有认识——我们应该花多少？存多少？投资多少？金钱应该在我们的生活中扮演哪种角色？它又在多大程度上决定着我们的命运？这是一个危机和机遇并存的时刻，却很少有人看得清这一点：要反思金钱与成功、满足的关系，再也没有比现在更好的时机了。阅读本书，你将学到启动"财商"的方法，你将学会像那些有"财商"特质的人一样，过上真正富足的生活。你将懂得我们从客户身上所学到的真理：钱固然是富足的一个重要方面，但不是全部。你可以通过自己的努力，改变人生方向，找回真正重要的东西。这种改变，我们这个独一无二、循序渐进、为期3个月的计划能够帮你做到，但你必须亲自履行这个计划。

也许你已经感觉到你需要"财商"的帮助，但最好你还是来做一下验证。如果你有过下列任何一种感觉，就说明你需要"财商"的帮助。

- 我从未有过满足感。
- 我对于未来的方向感到迷茫。
- 我没有时间做我想做的事情。
- 我没有时间来陪伴我爱的人。
- 我满足不了别人对我的期望。
- 我没能充分发挥自己的潜能。
- 我的生活不该是这样的——问题到底出在哪儿?
- 从前为我带来快乐的东西,现在不再给我快乐。
- 我害怕未来。
- 我在做我并不真正想做的事。
- 我在虚度人生。
- 我老是觉得不满足。我应该得到更多。

如果以上所列有任何一条触动了你,就说明你需要"财商"的帮助。你必须想办法提升你的"财商"水准——我们会告诉你应该怎么做。

要在思想上来一次翻天覆地的改变,这样的心理挑战,即使在最好的精神状态下来应对,也是一件令人望而却步的事情。紧随大萧条而来的,是经济困难带来的压力和未来的不确定性,这把人推向了深重的危机之中。我们相信,危机就是一个改变自我的绝佳机会,在金钱、意义和选择研究所里,我们已经在太多客户身上看到了这样的改变。一般说来,如果生活仍在按部就班地顺利进行,人们也不会动摇信念。一旦不如意的事情发生,倒会促使人们做出真正的改变。

本书会帮助你运用最简单而有效的方式,完成这些改变。第1章告诉你什么是"财商",以及它能为你带来什么;第2章和第3章,我们将为你解释,什么是生活中的优先事项,你可以通过测试,来确定你自己生活中最重要的事情。建议你仔细阅读这三章的内容,哪怕你觉得这些内容和你没多大关系（你的抗拒心理可能是一个非常重要的信号，它可能是你对某些非常重要的事情做出的下意识反应）。

在第4章和第5章，你会学到与"财商"相关的关键理念和行动，你可以通过测试来确定你的"财商"水平。在这些知识的基础上，第6章和第7章将带你认识财务效能的重要性，并且帮你评定你的财务效能。得承认，这部分内容很难，然而，它可以改变你的人生。

挺进到这里，你已经迈出了相当大的一步，下面你还要继续挺进，并要开始做出真正的改变了。在第8章，你将学会设定你的"财商自控系统"，学会找到你自己的"财商"调控模式。在第9章，你将确定你的财商水平。

接下来，本书学习临近尾声时，你要把你的新生活计划付诸实施了。到第10章，需要你制订一个计划，以便把你的财商自控水准调高到你所希望的水平。第11章会教你在3个月里一步步地执行行动策略，从而启动你的财商，叫你过上一种潜能大暴发的生活——这种生活恐怕会是你有生以来从未体验过的。最后，第12章会向你展示，你所获得的新技能和心态，会怎样彻头彻尾地改变你的人生。

拥有财商，意味着你能拥有和实现野心勃勃的目标，能按照优先事项的顺序按排生活，能享受生活无限的可能性。同时它也意味着，你将从此愉快地走上财务和人生的成功之旅。

你心里有多少盛放财富的空间

当一个社会中的女子开始把理想中的男人定义为"高富帅"，男子把理想中的女人定义为"白富美"，而且"富"是其中最核心的标签，同时，人人都自嘲是"穷忙族"时，我们就能够断定，这个社会患上了金钱焦虑症。

在对待金钱上，人类似乎只能拥有两种截然对立的态度——崇拜与诋毁。或者说，金钱之于人类，要么是主人，要么是魔鬼。贝壳将维纳斯从海洋中送到了陆地上，贝壳变化成了金钱，最终又会把人类载向哪里？这实在是一种很奇妙的类比！

金钱与人类社会相比，或许是后生的，但它一步步覆盖了社会生活的方方面面，成为一种生存必需品，同时，也一点点沁入了人类的心理，成为我们心灵构成中不可或缺的因素。但遗憾的是，在我们的文化中，"钱"总是和"俗"等同的，而俗，显然是人的精神最应该超越和摒弃的东西，于是，金钱本是心理的一部分，我们却冷漠地拒绝承认。

但不管承认与否，都阻止不了它加入精神的活动，几乎每一场精神的游行中，都少不了它的身影。

关于金钱，"我们每个人都有自己独一无二的心理，这种心理是由从小到大与钱有关的各种经历塑造而成的。这些经历共同作用，编写了一套关于金钱的心理软件"，决定了我们如何处理自己生活中与钱有关的一切事务——不止是你手中货币的流进与流出，还有你面对它时的心理舒适度。

没钱很痛苦，有钱不一定幸福，这是人们公认的现实，但谁不想做个财富与幸福兼得的人？而这些痛苦与不幸，归根结底，都是由你的金钱心理早已编好的脚本，不断在你的生活中重演罢了。

只是，这种心理，与人类许多心理机制一样，是在你意识不到的情况下默默运转着的。

而《人生的财富，不是金钱那么简单》，这本出自于两位对财富与心理关系的研究颇有建树的心理学家之手的佳作，对这种心理机制做了生动且深刻的剖析。多年的心理咨询工作的经验，帮助他们描绘出了一幅清晰的人类金钱心理的"地图"。

心理学中有一个著名的结论——每个人心理上都存在一个快乐恒定点（happiness set point）。在严重的意外事故中致残的人们，在经历事故后最直接的反应是愤怒和沮丧，不过，18个月内，他们心理的快乐，会逐渐回到事故前的水平。如果一个人天性乐观，那他仍然会是乐观的人；如果一个人天性悲观，他也绝对不会比之前更悲观。

这就像是房间中的温度调节装置，当天气变冷时，它便会加热空气，使屋子暖和起来；当天气炎热时，它便开始给屋子降温，让屋里凉快下来。无论如何，它总是要试图使屋内的温度保持在一个恒温的状态。

古德巴特和迪芙利雅发现，关于财富，人类在心理上同样存在一个类似的恒定点，他们将之命名为财商调节系统。

　　人们围绕着金钱的纠结，即是来源于此。当你的这一恒定点很低时，那么，尽管对经济现状有不满之处，你也会既缺少动力，也缺少能力去追求更多的财富；假如你的经济状况突然间发生了巨大的改善，不一定就会得到同量的幸福，却很可能是巨大的困扰，书里列举了相当多通过彩票或是继承突然进入富豪行列却毫无幸福感可言的人。

　　无论你承认与否，一种平稳的生活现状，总是最让人舒适的。因此，为处理这种困扰，这些人所做的，便是回到从前——或是挥霍掉这些钱，或是把它们封存起来，就当它们从没出现过；而那些没被"馅饼"砸到脑袋的人，则可能总是一次次扼杀心中追求更多财富的冲动，或是在好不容易鼓起勇气后又一次次地半途而废。

　　其实，还有另外一种方法，那就是调高这一恒定点。

　　当你拥有了较高的恒定点，其实就是拓宽了你心中盛放财富的空间。不再因为过多的财富感觉拥挤，却会因为财富不足而感到空虚。书中同样列举了许多人是如何通过调高这一恒定点，不但增加了财富，也增加了幸福感的故事。

　　不过，也正是因为这种保持原貌的情结，我们的心理都是抗拒本质性的改变的。想要改变你的财商，同样如此。古德巴特和迪芙利雅便将可能妨碍你改变的各种心理防御机制做了简明的剖析。事实上，当你阅读这些文字，明白了潜意识之中自己是如何顽固地为自己在改变的道路上铺设荆棘时，这本身，就是为改变所作的最好的准备。

　　当然，有了好的开始，还要有一个努力的过程。两位心理学家根据上述心理依据设计的为期3个月的计划，可以帮助你循序渐进地提高自己的财商。

　　圆满地完成这一过程，你得到的，便会是一个圆满的结果。越多的人阅读这本书，或许我们整个社会的金钱焦虑症，就会越早地得到缓解。

自我控制和无所不能。你可以很富有，但不一定会因此而富足。这听起来有点像悖论，却是关于财商最核心的真相。

和我们大多数人一样，富足的人也并非完人，但他们懂得运用正确的态度和行为技巧来获得经济保障和生活幸福。

第8章
是什么让财商冬眠在你心里 / 123

防御机制是我们用来保护自己免受真实的或想象的压力和负担伤害的方法。它是非常重要的应对机制，对于我们的精神平衡来说不可或缺；但是，也同样可能成为阻止我们进步、把我们困在原地的心理陷阱，却让我们没有丝毫的察觉。

第9章
来吧！看看你的财商有多高 / 145

如果你的财商过高或者过低，可能是因为你在评估自己时过于骄傲和积极，或者过于谦虚和消极。我们建议你请一个亲密的朋友或者爱人站在你的角度也做一遍测试。

第10章
制订一份适合自己的财商计划 / 159

人类通常会顽固地坚持自己习惯的模式，但如果你有毅力和决心，通过不断累积一些微小但有效果的努力，你就能够开启财商，开启一种新的、更加富足的生活模式。

第11章
三个月努力换取一生富足，你是否愿意 / 181

如果你严格执行了你的3个月的计划，尽了最大的努力去追求目标，那么恭喜你！你已经迈出了开启财商最关键的一步。

如果读到这里你仍然没有制订和执行计划的兴趣，那么我们只有建议你接受，接受你的现状和人生这个阶段你想（不想）做什么。

AFFLUENCE INTELLIGENCE

第1章
金钱是你的盟友，还是你的对手

Earn More, Worry Less,

and Live a Happy and Balanced Life

即便是同样聪明并且受过良好教育的人，也会有人十分成功，过得幸福，有人则生活在穷困和不满之中。这其中一定有些东西是前者拥有，而后者没有的。我们有位名叫布兰达的客户———一名旧金山市的律师，一针见血地指出了这种东西的存在："我毕业于常青藤大学，我和丈夫工作都很努力，我们都算得上是聪明的人，我们做我们认为正确的事，但我们却一直生活得很焦虑，很挣扎。特别是一想到莎丽，就更让我泄气。她是我的顶头上司，也不是名牌大学毕业的。我们每次见到她，都看她快活得不得了。她每天都有时间上瑜伽课，每年可以享受一个6周的长假，工作上的成就也比我大得多。我不知道她是怎么做到这一切的。尤其让我羡慕的是，她看起来完全没有我和汤姆那种没完没了的焦虑。"

　　金钱、意义和选择研究所（Money, Meaning & Choices）运作已经超过了10年。在这期间，我们运用我们在商业和心理学上的专长，帮助许多人改变了他们的生活——通常这些改变包括增加他们的收入。为了揭开21世纪成功背后的秘密，我们做了大量的努力。你一定有过这样的困惑：为什么有些学历、工作经验、努力程度都不如你的人，竟然能够飞黄腾达？尽管他们表面上看起来那么的一无是处，但实际上一定有些事情是他们做了而你没做的。现在，你也有机会学到这些了！

在成立这个研究所之前，作为心理学家，我们分别在社会福利部门、私人诊所和企业界工作。琼是为一个旨在帮助精神分裂症患者和狂躁症患者的项目工作；史蒂芬是一个公益项目的联合主管，专门向有严重精神疾患的成年人提供帮助。在工作中，我们接触过各式各样的人。如领取社会救济金，希望找到一份工作糊口的人；努力维持收支平衡的单亲父母；工作勤奋，受过良好的教育，却没能力偿还债务或收入过低的人；身无分文的瘾君子。还有另外一种人，他们是世界500强公司的CEO、巨额家族遗产的继承人，还有花钱成瘾的高收入者。换句话说，我们的工作对象，包括了这个国家最富有的人和最贫穷的人。最终，我们总结出了一项计划，它可以帮助你在经济上、在个人生活上都获得真正的满足感和成就感。通过开启你的财商，你就能理解你的生活，改善你的生活，把生活和对你来说最重要的东西紧密结合起来，让金钱成为你的盟友而不是敌人。

通过和大量的客户进行直接接触，我们获得了对"富足"独一无二的理解，并且总结出了一个帮助人们获得富足的计划。下面有两个例子，能够让你明白为什么有的人生活得那么滋润，而有的人则过得苦不堪言。

大卫是海湾地区一家知名公司的设计师，尽管他算不上出类拔萃，但他的工作能力还是很强的，以此我们认为他没多少机会晋升到公司的高级合伙人级别，但他有常青藤大学的文凭，也挣到了一份让很多人艳羡的薪水。不过，他和妻子埃莉却过着相当奢侈的生活，而且埃莉已经不再工作了，这样的生活让他们有点入不敷出。他们开始背上了一些债务。之前，埃莉的父亲一直都让她过着优越的生活。大卫明白，妻子希望丈夫也能让她过上好日子。后来，大卫找到了我们，因为他患上了严重的焦虑症，医生甚至给他开了镇定剂赞安诺。他告诉我们："我每天晚上都失眠，不停地担心会有什么意外发生，家里的财务状况到时会雪上加霜。"除了焦虑，大卫还面临着一个问题，那就是生活随波逐流，漫无目的。为了让他的工作和生活找到新的方向，他需要做出改变。

霍华德的生活背景和大卫完全不同。他大学未上完便退学了，在父亲的家用电器零售店里工作。30岁的时候，霍华德已经把零售店从1家发展到了3家。他还亲自出演了几则电视广告，虽然这些广告成本很低，却很受欢迎，因此成了地方上的名人。在接下来的10年里，霍华德把零售店打造成了很受欢迎的连锁店，也获得了很高的回报：足以让他和家人过上舒适、甚至奢华的生活。他之所以到我们这儿来，是因为他担心自己的钱会把孩子们惯坏，让他们在长大后变成啃老族。

在分别对大卫和霍华德进行了一段时间的研究之后，我们发现他们身上有很多相似之处。他们都很有抱负，工作努力，都有机会接受良好的教育（霍华德是自己选择了退学），他们的收入都能让大多数人羡慕，但大卫显然很不幸福、很挣扎，霍华德却看起来很满足。虽然他算不上什么百年难遇的商业天才，但他能坚持自己的梦想，拥有强大的信念，而且他很勇敢地尝试了几次大的冒险，这给他在经济上带来了很大的回报。和霍华德比起来，大卫也算是小有成就（毕业于一所名校，就职于一家受人尊敬的公司），但不知怎么，就像他对我们说的："我感觉自己被什么东西困住了，再也无法从生活中享受到什么了。"被困住了，意思是他在工作上基本没有指望了，既不能获得升职，也涨不了多少薪水。至少他觉得自己害怕的是这些。

到底是什么东西是霍华德具备而大卫不具备的呢？我们意识到，这个问题的答案隐藏着一个重要的秘密，等待人们发现和分享。在对这些年来我们服务过的人们进行过研究之后，我们一致认为，霍华德（还有和他一样的人）拥有一种被我们命名为"财商"的东西：一种看似非常神秘的品质，使得某些人（即通常不是最聪明、学历最高或工作最努力的人）能够为自己创造出富有和有成就的生活，不但获得了财富，而且获得了极大的满足感。

一、富足的要素

许多人都把"富足"当作"财产"的同义词，是拥有很多钱的意思。但事实上，富足，如同我们给它下的定义，还有那些富足的客户对它的描述一样，包括下列7个要素：

‖ 1.有足够的钱来满足你的需要和欲望 ‖

毫无疑问，每个人都需要有足够的钱来购买一些必需品——食物、医药、房子——这部分的开支可以很容易地计算出来。

不过，要算出购买一些非必需品需要多少钱，就困难多了。这些非必需品能满足我们的欲望，并且能让我们觉得自己很富有（或者说至少物质上是富有的）。富足，意味着你能买得起你真正想要的东西——不管是一座度假屋、老古董的摩托车，或是去度假、去海外探亲，还是任何其他让你心跳加速的东西。

当然，一个人需要多少钱才能满足自己的欲望，会依他想要的东西而有区别。一个人可能会垂涎一辆保时捷911敞篷车，而另一个人渴望的是一段不同寻常的经历，比如暂时丢下工作到大山里去远足一周。这些愿望都是很正当的。当你思考自己想要什么的时候，不用去判断它是好是坏，但你得确定自己需要多少钱，才能既维持基本生活，又能得到这样东西，并享受它给你带来的满足感。霍华德并不是一个大手大脚的人，但让他欣慰的是，如果他或妻子想要什么，他都能负担得起，可以眼睛都不眨一下地把它买下来。

拥有财商的人，能够在需要和欲望之间找到一个自己的财务平衡点。满足一个人的欲望，多少钱才够用？世界上是没有数字能回答这个问题的。（如果我有 X 百万，我就会满足了。）他们会根据自己的价值观，为自己拥有的钱制订一个财政计划，通过储蓄、消费、捐赠和转让的方式来处理这些钱，并且会把这个计划长期地执行下去。这才是问题的答案。

这本书通过开启你的财商，会帮助你确定自己的财务平衡点，以及你需要怎么做才能达到这个平衡点。

▎2.做让你喜欢得可以忘记时间的工作 ▎

富足意味着做你真心喜欢的，就算没有报酬你也愿意去做的工作。因为它可以在更高层面上吸引你，满足你。你大概有过这样的经历，有时候工作起来太过投入，甚至会忘记时间的存在，感觉自己充满了创造力和新鲜的感悟。心理学家把这种状态叫作"心流"。并不是只有在从事有报酬的工作时，你才会进入"心流"之中。举个例子来说，许多富足的人在做义工时，也能获得很大的满足感。你也可以通过你喜欢的活动，比如园艺、跳舞或是业余赛车——任何能够深深吸引你的活动，去体会这种感觉。

许多人都对自己的工作没兴趣，可能还会觉得极其乏味。做设计曾经是大卫的爱好，但现在不是了，可他并没有改变自己的生活方式来适应这种心理上的变化，反而陷入了"轮子里的沙鼠"一样的生活状态，日复一日地重复着相同的事情，却以为这样能逃出轮子。这种生活可不是富足的生活。不管你的薪水多高，除非你花时间做些你真正热爱的事情，否则，你绝不会感到富足。

▎3.拥有能为你带来快乐的人际关系 ▎

富足意味着你的人际关系运转良好，能给你带来幸福和满足——不管是在家里还是在职场中，也不管你的人际关系网是复杂还是简单。有的人性格内向，和别人在一起会让他觉得耗费精力，他需要大量独处的时间来充电；另外一些人则性格内向，独处才会让他们萎靡不振，他们需要多和别人在一起才能精力充沛。不管你是用哪种方式来打发时间，都没有对错之分，重要的是你要清楚哪种方式是最适合你的。

尽管广交朋友不是什么坏事，但富足不是说一定要建立尽可能多的人际关系。我们说的朋友，可不是你在Facebook社交网上的好友数量；（你真的需要700个朋友吗？）而是，那些你真正会与之交往的，并能给你带来安慰和满足感的人。

我们有些客户非常看重家庭关系，他们认为亲情对于他们的幸福和成功来说是非常关键的。莫罗一家是一个四世同堂的大家庭，经营着一个农场，我们每年都会见两次面。在这个多代家庭的聚会上，每个家庭成员都会利用这个机会来说说自己的烦心事，把整个家庭（超过20个成员）作为顾问团来说说自己的烦心事。聚会上会有许多感人的时刻：一个家庭成员可能会因为没能实现自己的承诺而向大家道歉，请求大家的原谅，或者一个刚上大学的孩子会让大家参谋应该学习哪个专业。为家庭成员提供有用且真诚的建议，可以说是莫罗一家拥有的最宝贵的财富了。

当然，有时候人际关系也会面临一些挑战，特别是一些与钱有关的问题。财务问题就导致了大卫和妻子之间的紧张关系，甚至让他们闹起了离婚。对富足的生活来说，在这么重要的人际关系中是不该存在这么严重的冲突的。尽管他们的年收入超过了30万美元，但仍然觉得日子过得很紧张。在美国，恋人们最容易因为钱的问题吵架。但拥有财商的人，知道如何正确地处理人际关系中钱的问题，绝不会把它带到卧室里去讨论。披头士是对的，金钱买不来爱情，或充满亲密且良好的人际关系，或令人满意的性生活。

4. 保证身体和精神的安全

对于富足的生活来说，安全感和稳定感是一个关键的要素。富足意味着你的内心足够平静，可以安稳地睡觉，不会整晚辗转反侧地为将来可能发生的事情焦虑，或是为过去发生的事情懊悔。这也意味着你能很坦然地享受自己拥有的东西，不会产生罪恶感，或是觉得你不配拥有这些东西。大卫的罪恶感是另外一种，反映了他的一种内在的压力。他觉得自己没能尽到一家之主的责任，让妻子的期待落了空。他的焦虑甚至严重到了需要服用镇静剂的地步。

富足也意味着要对自己的人身安全感到放心。这意味着生活在一个治安很好的地区，能买到保护自身的东西，比如安全系数更高的汽车、安全的房子、意外险，这样你才会有信心去保护和照顾自己以及所爱的人。

5. 拥有力量

拥有财商的人都拥有足够的力量去满足自己的需求和欲望。我们可以从各行各业里找到这样的人：比尔·盖茨夫妇、奥普拉·温弗瑞和沃伦·巴菲特。他们的力量来自他们的自信、毅力、深刻的洞察力、正直的品格，当然还有金钱。他们很清楚怎样使用自己的力量，以及会产生什么影响，并谨慎地使用，让之既给自己，也为别人带来积极有益的结果。最重要的是，他们十分尊重别人的权利，绝不会为了达到自己的目的而"不择手段"。

在美国和其他西方国家，金钱就是力量。但并不是所有的文化都这么认为。在印度，智慧才是力量；在传统的犹太文化中，教育才是力量。但在这个国家，你有钱，人们就会听你的。你管着钱袋子，你就有决定权。金钱能让你享有更高的地位，让你觉得自己很有权力，能够影响世界。但事实上，有钱并不代表你就会有自尊，或是你就能得到梦寐以求的爱情。金钱只有在你懂得如何驾驭它的时候，才能成为一种力量。

拥有力量，你就拥有了选择的自由、自主的意识和影响世界的能力。它让你拥有了和别人谈判的资格；它给了你成为政策制定者和领导者的机会，让你在和你有关的事情上拥有了话语权。拥有力量的人，才能够获得团体的认同和尊重，不管他是企业的管理者、社区组织者、教师，还是精神领袖。通过开启你的财商，你就能够在那些和你关系重大的事情上发挥影响。

霍华德——这名电器零售商，就是当地的名人。无论他走到哪儿，都能被认出来，人们都愿意听他的。他使用自己的力量，在地方上发生事情时，发挥领袖的作用，将大家团结起来共同去面对。无论他是否选择使用自己的力量，他都知道自己拥有这种力量，这让他感到很高兴，也很有安全感。

6. 生活得有意义和有目的

如果我告诉你，这个世界上有很多有钱人都觉得自己过着行尸走肉一般的生活，你一定会觉得惊讶吧。但在那些继承了家族遗产的人群中间，这样的问题可不少见。《天生富贵》是2003年由强生集团的继承人制作的纪录片，讲述了他在这个世界上最有钱的家庭里成长的经历。它揭示了这些刚刚步入成年的年轻人处在一个无论他们想要什么都能被满足的环境中，为了给自己定位，寻找人生的目标和动力所做的挣扎。

大量的研究都证实了在世界各地都存在着一种"富不过三代"的现象：超过80%的富裕家庭，财富在三代之内就会被挥霍殆尽！这也正是霍华德所担心的，他担心自己挣来的这些钱会给后代带来坏的影响，会让他们迷失在这个世界上，既没有自我，也没有方向。

但即便是大卫这样的人，拥有自力更生的能力，也会因为远离了自己心中重要的和真实的东西而感觉生活支离破碎。

如果你在物质上很富有，但在每天睡觉前，都觉得你积累的财富毫无意义，因为你觉得生活中有什么重要的东西被你丢掉或忘掉了，那么，你肯定不会感到富足。但开启了财商，你就能找回这个重要的东西，按照你的核心价值观去生活，找到生活的意义和目的。至于哪些东西才是你所看重的，你可以用时间作为衡量标准，来看看你在哪些事情上投入的时间最多。

时间本身就是一种财富。通过有效地管理时间，你可以创造出一种更加丰富多彩和平衡的生活，而不用完全围着挣钱、存钱、花钱打转。富足不仅意味着"有时间"，还意味着拥有自主感，能够主宰你的时间，引导生活与你看重的东西保持一致。随着年龄和核心价值观的改变，我们也应该改变自己使用时间的方式，这样，生活才不会失去意义和目标。拿茉莉来说，在20多岁的时候，她80%的业余时间都花在了舞蹈课上。她告诉我们，在人生的那个阶段，"舞蹈就是我的生命"。但到了40多岁的时候，她有了两个女儿。她非常爱她们，开始喜欢教养孩子了。于是，她之前用于跳舞的时间，都转移到了孩子身上。但她并没有停止跳舞，只不过现在只会拿出10%的时间用在这上面。

或者，我们再来看看霍华德，他从不在星期天工作。星期天是属于妻子和孩子的——他们会先去教堂做礼拜，然后去最喜欢的餐厅悠哉地吃顿饭，互相分享这一周的经历。

大卫则正好相反，他要随时做好准备，只要电话铃一响就要赶回公司工作。在家庭聚餐或是外出游玩的时候，他总得为了接电话一再跟大家道歉。他已经不再热爱自己的工作了，而且他在生活的道路上奔跑得如此努力，几乎都要喘不过气来。工作带给他的乐趣越来越少，或者说，所有事情都是一样。

7. 让身体和情感达到最佳状态

让自己的身体和情感保持在最佳健康水准，是财商的一个重要要素。人们只有在健康的状态下，才能保证日常生活和工作正常运转，不会因为身体或情感上的问题受到影响。我们常听客户说："健康就是一切。"保持最佳的健康状态，意味着你对身体和精神的使用，不能超过自己所能承受的底线。这个底线会随着你的年龄、能力和其他身体或健康问题的不同而变化。假如你失去了一条胳膊或腿，或是染上了艾滋病，你仍然可以让自己的身体和精神保持在一个尽可能健康的状态。年龄也从来不是问题，有许多75岁的老年人，比大卫这种40岁、过度疲劳的中年人自我感觉还要良好，身体还要健康。让自己的健康状态达到最佳，是被富足的精神所激发出的一种生存状态。要想让自己的健康达到最佳状态，一个人必须根据自己的生活重点、热情、态度和能力找到适合自己的方式。拥有财商的人懂得，情感和身体的健康是一个动态的过程，需要用一生的时间去维护。要学会照顾你的精神和身体，这不但可以让你保持健康，而且会在你与疾病和年龄做斗争的时候发挥重要的作用。

在定义富足的这7个要素时，我们就知道要想真正理解什么才是幸福和成功的人生，只有一个定义是不够的。所以，我们创造了一个分步完成的计划，来帮助你迅速转变你的生活——速度之快，可能会超乎你的想象。尽管通向富足的旅程，可能会长达几个月、几年，甚至需要一生的时间。不过，如果你能得到正确的指导，只需要3个月的时间，你就可以克服掉许多一直在扯你后腿的坏习惯。经过这么多年来和这么多人的亲密合作，我们确信，每个人都有能力获得财商。尽管在大多数人身上，它们还处在休眠状态，没有得到开发利用。过上富足的生活的潜能就藏在自己身上，我们想要帮助那些像大卫一样的人去发现它，捕获它。之后，我们意识到，最好的办法，是帮助他们唤醒财商，这远比给他们提供一些诸如如何投资、如何换工作、如何节约用钱，或是任何其他财务顾问会给出的建议要有用得多。

二、财商计划

我们发现，有4个关键的领域，对于开启财商来说是必不可少的：

优先事项：确定事情的优先顺序，它会为你在财务问题和生活方式的选择上提供指导和动力。

行为：你所采取的有助于或阻碍你获得财商的行为。

态度：在你的显意识和潜意识中，对金钱和生活抱有的信念和心态。

财务效能：包括财务管理能力和财务心态，可以让你更好地掌控你和金钱的关系。

我们的计划，首先是从评估你在这4个领域的优势和弱点开始的。这是一些可以被测量和量化的东西，就像智商（IQ）一样。我们把这个分数称为你的财商（AIQ），它可以准确地指出你目前处于什么水平，并提供给你如何开发潜能，过上富足生活所必需的信息。

关于富足，每个人都有一个基准线，只有符合这条基准线的东西，我们才会认为是富足的。这条基准线的建立，是基于你相信什么东西是真实的、你个人的天性，还有你所接受的现实的社会建构。就像人体维持正常的血压和体温一样，这条基准线也是由一个虽然存在却意识不到的调节系统所控制的。

你可以把这种调节方式与家里的自动恒温装置做个对比。如果自动恒温装置设置在华氏75度，室内的温度下降了，加热器就会自动启动，让屋子变得更暖和；如果室内温度太高了，空调就会开始自动降温。这和你自身的调节过程别无二致。

幸运的是，和自动恒温装置一样，你的财商系数也可以被重新改写，这就是我们的财商计划可以帮助你的。提高你的财商系数，开启你的财商，在生活中把你的潜能发挥到极致。你或许还从来没有做到过吧。

三、这个计划是如何帮助大卫的？

显然，大卫需要夺回他对生活的控制权。第一步，他需要进行财商测试，评估他的优先事项、行为、态度和财务效能。财务心态关系到大卫对待金钱的态度，在这一项上，大卫的得分很低。尽管他对自己的财务管理能力很放心，但他对挣钱、存钱和花钱这些事情却有一种不可思议的焦虑。他的态度和行为也很混乱，特别是他缺乏进取心、自信和人际效能。在"掌控自己生活"这一项上，他的得分尤其低。不过，也不是所有的结果都这么惨不忍睹。事实上，大卫也有一些优势，比如他很有抱负，有很强的心理弹性，心态很开放，好奇心很强。尽管他一直都是个讨人喜欢、友善的家伙，总是能看到事情好的一面，但他并没有意识到这些品质可以帮助他获得真正的富足。

关于优先事项的测试结果，真的让大卫大开眼界。经过认真思考，在他目前的人生阶段，财富并不是第一位的优先事项。他对那些能给他带来欢乐和内心宁静的事情更有兴趣，这可以让他感觉自己活着还有点用处。但是，由于他在生活中挥金如土，倒让挣钱成了他最重要的事。完成测试之后，大卫理解了他的财商水平，即有哪些优势和弱点影响着他的财商。

‖会面‖

在第一次谈话几天后，我们在旧金山的一间酒店套房里，为大卫安排了一场全天的会面。我们极少同意跟客户在正式的场合见面——让他们脱离典型的工作场合是很重要的，这样可以鼓励他们更好地释放自己的想法和感受。大卫准时现身了。他是一个帅气的中年男人，但脸上的皱纹填满了焦虑和不满。他的衣服造价不菲，但搭配得很随意。欧式剪裁的服装，精心打理的发型，大卫身上的一切都表明了他是一个才华横溢的人，但他似乎缺少了一些能力或动力，去完成可以使自己变得完美的最后一点修饰。

到达现场之后，琼取出了一个广告板和一支记号笔，然后我们就开始工作了。我们采用的一个核心技术，是一点一点地把客户自己说的话写满广告板，这些话能反映出他们的优点和自我反思，还有阻止他们前进的缺点。对于客户来说，这种方法异常奏效，他们会发现，对所有的问题其实自己已经有了答案。

大卫最需要的，是在他的优先事项与日常生活之间重新建立起联系，好让他能找回当初促使他进入设计行业的热情和创造力。他坐在椅子上，稍稍放松之后，开始给我们描述他以前对设计有过怎样强烈的热情。

"当我还是个学生时，我对艺术和美术非常着迷。我可以对着一座建筑物一动不动地坐上几个小时，就因为它的线条能激发我的灵感。在课余时间，我走遍了旧金山，四处留意街上那些泄露了设计者秘密的小细节。市里有一家拥有完美的多利安式圆柱的银行，每次经过那里，我都会不由自主地微笑。这让我觉得很快乐。"他暂停了一下，在椅子上稍微挪动了下身子，"不过后来，我爱上了埃莉，她真是不可思议——那么美，那么有趣，那么自信。突然之间，我的奋斗目标就变成了得到她，她那个有钱的老爸给了她什么，我也想要给她什么。"他又顿了下，"我猜就是从那个时候起，事情开始有了变化。"

大卫非常关心环境问题，他曾经梦想过为自己的家庭设计一座环保又实惠的房子。然而，他却做起了工业设计。他能做好，但缺乏热情。我们从那些很富足的客户身上了解到的一点是，他们都很信赖自己的工作。拿霍华德来说，他相信他提供了最好的商品和售后服务，事实也确实如此。但大卫却对自己的工作失去了信心，这自然（他自己并没有意识到）会对他的工作质量产生负面影响，还会影响他的薪水。

大卫之所以不快乐，是因为他没有遵照自己的价值观生活。他没能释放出自己的热情，也没有发挥自己独一无二的优势。由于他的日常生活与他的价值观，还有他真正的能力之间完全脱节了，他无法挣到足够多的钱来满足现在的生活需求。总之，由于感觉自己挣的钱怎么也不够花，他对财务状况的焦虑彻底把他压垮了。但只把这些事实告诉他是远远不够的，大卫需要自己把所有这些事情之间的关系想清楚才行，这也正是他做完财商测试后所做的。这使他终于认清了自己看重的是什么，什么事情才能激发他的热情，而不是像以前一样只能看到别人对他的要求和期待。这又反过来让他进一步明白了为什么自己是那么的不快乐。

大卫说："啊！要想改变我现在的工作，或是再找份新的工作，实在不是件容易的事啊，我得需要很大的勇气才能做到。"

琼看着大卫，问道："为什么你在大学的时候喜欢登山，又是学生会会长，喜欢蹦极，那么有冒险精神，但现在怎么连想象一下自己想要什么的勇气都没了呢？你的测试结果说明你在乐观、进取心、自信和人际关系上有问题。这有点说不通，你告诉我们你年轻时是那种'想干就干'的人，为什么现在的你会变得跟过去那么不一样了呢？"

我们等待着大卫的回答，他安静地坐在那儿，头垂得很低，若有所思。然后，他抬起头，平静地说："我还记得自己以前是什么样子，但当我有了孩子之后，有些事情就变得不一样了。"他的头又低了下去，又轻轻地晃了回来，接着说道，"我想要做个好父亲，想要给孩子提供最好的物质条件。我得保住我的工作，不能冒太大风险。只想着去追求自己想要的东西是自私的行为，我担心自己会承担不好养家糊口的责任。"

史蒂芬问他："为什么你不能同时关心自己和孩子呢？难道做一个好父亲就意味着你不能做自己喜欢的事吗？"

这时，大卫有点心烦意乱了。我们感觉到现场的气氛有点不对劲，整个房间陷入了沉默。最后，大卫回答说："我母亲在我现在这个年纪的时候去世了，那时我只有8岁，她的离开也让整个家庭破碎了。我的父亲继续工作养活我们，但他的心似乎跟着母亲离开了。他总是闷闷不乐，似乎再没有什么能让他觉得满意了。我母亲去世前，尽管他在工作上没有多大成就，但他一直是一个愉快友善的人，人们愿意信任他，而且觉得跟他在一起很舒服。可母亲去世后，他就像是一个戴上了枷锁的人。我记得他曾告诉我：'儿子，关于妈妈的事，我很抱歉；但这就是生活，我们必须得适应它，做我们应该做的事。'"

大卫抬起头来，说："我没法想象自己去做任何会伤害家庭的事。打从我还是个孩子起，我就变得越来越害怕死亡。对我来说，保证安全的方式就是停留在原地，不要往前走，或是冒任何风险。所以，我一直按兵不动，不让自己去改变现有的生活。就和我父亲一样，我只做我应该做的事，维持生活，不要冒险，没有快乐，也没有创造的活力。"

现在，我们的工作到了最关键的部分。我们帮助大卫认识到，他可以利用这些新的认识来重新唤醒他冒险的（合理的）能力，开启他的财商，打开那扇已经被他封闭了多年的生活之门。现在，对大卫来说，是时候去做他真正热爱的工作，去满足他和家人对健康、生活的热情和意义的需要了。

下一步，大卫需要把他了解到的这些信息整合起来，为他的生活制订一系列新的原则。我们称之为"价值宣言"，它可以帮助我们的客户准确地描述在目前的生活阶段，有什么东西对他们来说是最重要的。

大卫的价值宣言如下：

我重视：

• 在工作中发挥我的创造力，表达我的热情。

• 为了更加快乐和成功，尽量在工作和家庭生活中表现得乐观一些。

• 在工作上更有进取心，并承担适当的风险，这样可以让我在保住工作和工作的乐趣之间找到平衡。

• 根据我的价值观做出决定，以便更好地掌控自己的生活。

• 选择更平衡的生活方式，以便和妻子、孩子度过更多的时光，也更好地关心自己。

• 做出一些财务上的安排来保障我们的生活质量。

• 消费时要量入为出，让自己更有安全感。

• 认清需求和欲望之间的不同，以便节省开支。

• 为了减轻焦虑和压力，要用更正确的心态看待金钱。

在明确了自己的价值观，以及下定了决心要提高自己的财商之后，大卫已经做好准备来制订自己的财商计划了。首先，他需要设定一些目标，在他目前的生活与他渴望的生活之间搭起一座桥梁。大卫是一个优秀的、有效率的员工；但现在为了提高他的财商，在接下来的几个月里，他需要对自己的工作进行一些改变。另外，他需要和妻子一起努力，改变奢侈的生活方式。幸运的是，正如你将通过我们的计划学到的，你可以随时重新排列生活中的优先事项，并且设定新的目标来反映这些变化。大卫重新排列了他优先事项，并且承诺用更自信、更进取的心态来面对那些对他有影响的事情。

现在，大卫需要采取实际行动了。我们利用3个月财商计划的框架，帮助他确定了可行的措施。他决定先写下要对妻子和同事所说的话，并多练习几次。接下来，他就要真的去和妻子、工作伙伴谈谈了，向他们解释他现在希望做什么样的工作，过什么样的生活。

一周之后，大卫和建筑公司的高级合伙人预约了一次会谈。这是他一年多来第一次提出要召开管理会议，而会议的主要内容是谈谈他的痛苦。大卫盯着公司的3个高级合伙人，告诉他们（记住，我们告诉过他要清楚而冷静地说出他想要的东西）："我很喜欢在这家公司工作，但我想要做些更有创造性的事情。我有个提议，在接下来的12个月里，我想对工作做一些调整。我想到了一个对我来说很重要的项目，我很想去试试看。在前6个月，我希望能拿出25%的工作时间投入到这个项目中去，开发一个既环保漂亮又实惠，还可以定制的独户住宅。我希望公司能给我一年的时间，看我能不能开发出一个有利可图的产品。如果我成功了，我希望能成为你们中的一员。"结果，上司们没做多少考虑，就同意了他的要求。

然后，他和妻子一起坐下来，对她说："我很爱你，也喜欢我们在一起的生活。但是，我更想过一种能反映出我是谁的生活。我希望能依靠我的兴趣和热情来取得成功。你知道我一直都承受着很大的压力，过得很不开心，但现在我有了一个可以变得快乐起来的计划，不只是我，还有你和孩子。不过，首先我们需要改变我们花钱的方式。我想，就算少买一些东西，我们也能过得很幸福，我们一起制定一份预算，好让我们的生活回到正确的轨道上来。"出乎意料的是，埃莉举双手赞成了他的计划。其实，她也一直都在为丈夫担心。她告诉他，只要他能多花点时间在她和孩子身上，她可以什么也不用买。她害怕大卫的压力过大会毁掉他们的婚姻，她也相信丈夫为自己找到的新方向能够解决现在的问题。

虽然这两次对话的结果都很令人满意，但对于大卫来说，这实在不是件轻松的事。他下了很大的功夫来提高自己的表达能力，比如要显得坚定而自信，并清楚地表达自己的要求。为了取得好的效果，大卫把要说的话反复练习了很多次，直到他觉得满意为止。他试着去推测上司可能会说什么，并且想好了怎么去回应。不过，当他走进会议室，并大声把准备好的话说出来的时候，他觉得自己将来可以更加自信从容地做类似的事了。并且，每一次对话的完成，都标志着他离开启自己的财商更近了一步。

我们要求大卫要严格执行他的3个月财商计划，认真完成每周的行动步骤，并且每个月要向我们做一次汇报。这可以让他形成一种责任感。（你也可以请一个朋友或同事监督你实施计划的情况，以便让自己形成这种责任感。更多的细节，我们会在第10章进行讨论。）在接下来的几个月里，大卫一直努力克服自己的老习惯，比如坚决不替自己找借口，坚决纠正自己决定要改变的行为。和我们为所有的客户提出的建议一样，我们希望他不要急于求成，改变的力度一定不能超出自己的承受范围，例如：

- 大卫下班后不再像以前那样在公司里耽搁很多时间了，而是利用这些时间来关爱自己和家人。他在价值宣言中已经说过，他想要更好地掌控自己的生活，拥有更平衡的生活方式，以便能留出更多的时间给妻子和孩子，也更好地关爱自己。

- 他开始每周做3次运动；在周末安排了更多的短途旅行，偶尔还会带上孩子；每周带妻子外出约会一次。很快，他就不用服用赞安诺了，他的失眠问题消失了，也比以前更加健康了。

除此之外，尽管钱已经不再是他主要的目标了，大卫却发现自己的道琼斯指数开始上涨了，这表明他正在变得越来越有"财务效能"了。财务效能是自我价值和财富价值的完美结合。它绝不只是意味着你有了更多的钱，还意味着可以更好地管理和从容地面对钱的问题，以及选择正确的生活方式。对于大卫来说，这意味着集中精力去完成那个承载着他热情的项目，正是这种热情让他把这份工作做到了极致。现在，他创建了自己的品牌，在市场上推出了清洁而环保的活动板房（这是他充分发挥自己对环境、美和优雅设计的热情结晶）。出乎意外，这个产品居然受到了人们的热捧。忽然之间，钱就源源不绝地向他涌来了，尽管他的工作量比以前减少了。现在，他在工作的时候更加投入了，也更有效率了。不用说，在这3个月的时间里，大卫过得非常快乐，因为他终于找到了梦寐以求的东西——富足。

我们希望你能听听大卫的故事，因为我们希望你能看到，金钱是如何跟随财商的开启一起到来的。一旦人们把精力投入到对他们来说真实且重要的事情上，不仅收入会增加，还能获得"财务满足"，这远比挣到更多的钱重要得多。是的，大卫获得了财务心态——他和妻子减少了开支，并且制定了一份不会破坏他们睡眠的预算。但真正使他满足的是，他将自己的工作、生活和他最重要的兴趣和热情结合了起来。

四、女人和富足

虽然这一章我们使用的案例都是以男性为主角，但我们的计划同样适用女性，而且效果也绝不会比应用在男性身上差。

富足曾经是男人的专利，但现在，已经有越来越多的女人也获得了富足的生活。在这个国家里，富有女性的数量每年都在增加——不管她们是通过创办自己的企业，还是挣到了丰厚的薪水，或是通过婚姻、继承获得了财富。福莱公关公司新业务拓展部门的主管克莱尔·比哈尔估计，再过10年，女性将会控制这个国家三分之二的财富，并会通过继承父母或丈夫的遗产，成为美国历史上最大规模财产转移的受益人，金额大约在12~40万亿美元。

不管女性积累财富的方式如何，在财务问题上，她们还是面临着一些特殊挑战。说到挣钱、花钱、存钱，女性的财务行为和心理与男性相比有很大的不同。一般说来，女性：

· 不会像男性那样要求很高的薪水起点。

· 接受风险的意愿低于男性。

· 更倾向于放弃使用她们的力量或是不承认她们的力量。

· 相信她们之所以有钱是因为运气好（而男性通常会认为那是他们努力挣来的，或是他们应得的）。

· 不太可能相信她们应该获得晋升。即使获得了升职，挣的仍比相同职位的男性少。

· 在提出要求时更缺少自信。

由于以上原因，加之女性的寿命通常比男性长，财商计划就能够给女性生活带来更多意想不到的变化。

五、为什么现在要讨论富足的话题？

我们刚刚经历了一场前所未有的经济大衰退，每个人在这段时间里都承受了不少的痛苦：失业的压力，房子随时会被银行收回，还有堆积如山的信用卡债务。这样的环境会诱使我们相信，只要有了更多的钱，一切问题就会迎刃而解。所以，我们要寻找收入更高的工作，就算继续做原来的工作，也要尽可能地增加工作时间；我们费尽心机地盘算着如何缩减开支，把一切能省的东西都省下来。这或许是一般人习惯的解决方法，但说实话，我们更应该去寻找新的、真正有用的方法来解决我们的财务问题。我们得承认，我们的思考方式对财务生活的影响，要远比其他外界的因素要大得多，比如证券市场。

我们总是习惯对自己说，只要有了钱，事情就好办多了；但事实果真如此吗？或许是，也或许不是。我们要告诉你一个绝对令人惊讶的真相：如果你缺少财商，即便有了很多钱，这些钱给你制造的问题，也会和它解决的问题一样多。对于那些正在温饱线上挣扎的人来说，这个真相确实令人难以接受。为什么呢？因为我们对金钱的感觉和信念，在我们的精神里扎下了很深的根，以致我们用根本意识不到或理解不了的方式去行动，这就会对我们日常生活的财务和生活方式造成负面影响。如果你还不做深刻的反省，你将永远摆脱不了它们的控制。

我们非常希望你能以开放的心态来阅读这本书，认真地执行我们的计划。你需要改变，但改变从来不是件容易的事。开启你的财商，将是你人生中做过的最大的、最棒的改变，因为你和你爱的人将会因此得到幸福和安全感。换句话说，这对你来说是一本万利的买卖，所以，让我们开始吧！

AFFLUENCE INTELLIGENCE

第2章
生活，应该由你的优先事项来定义

Earn More, Worry Less,

and Live a Happy and Balanced Life

你的优先事项、行为、态度和财务效能，塑造着你与金钱的关系，也影响着你在富足的7个要素上达到什么样的水平。你的财商，正是这四个方面的综合反映。接下来的几章，我们分别会对这四个方面进行探讨，你将有机会进行几部分财商测试，对自己做出评估，并制订一个计划来实现自己梦寐以求的改变。

在这一章，我们将探讨优先事项。不论是开启了财商的人，还是没有开启财商的人，都会受到优先事项的驱动。它决定了人们采取哪些行为方式，以及人们在财务问题以及生活方式上会做出怎样的选择。我们把这五种优先事项称为"5P（Priority）"：

一、优先事项1：成功——创造和拥有更多的钱

成功意味着你的财务状况非常令人满意，让你可以毫无顾虑地去实现自我，追求对你来说最重要的东西。我们都渴望自己的梦想能够成真。在这方面，那些拥有财商的人可以教给我们许多东西。他们相信，世界就是他们用来创造财富和享受这一过程的地方；他们相信，他们创造财

富所需要的资源，在这个世界上一应俱全，只要他们想要，金钱就是取之不尽的。

我们都渴望变成有钱人，但拥有财商的人从来不会为了挣钱而挣钱。他们挣钱的目的，是为了让自己有足够的钱去做能给他们带来欢乐和意义的事。不论是开办一家公司，创建一个非盈利组织，还是一次旅行、航海和滑雪。是的，他们喜欢创造财富，但他们所关心的，不是自己能挣到多少钱，比如6位数的薪水。他们关心的是"如何通过做我擅长的事来挣钱？如何通过做我感兴趣的事情来挣钱？如何利用我的技术和资源来挣钱？如何通过做我喜欢的事来挣钱？"当开启了财商的人把成功作为优先事项，他们会把创造财富和创造自尊结合起来。成功就是这种结合的产物。通过观察他们的生活我们发现，有些人喜欢将自己的爱好与对财富的渴望结合起来，还有一些人可能并不热爱自己所做的事，但他们喜欢为自己设定一个目标，然后去实现它，比如创建一家成功的公司，或是选定一个行业、一个领域，竭尽所能让自己做到最好。他们对自己想要什么有一幅明确的蓝图，并且坚信自己能够得到。实现目标需要做的任何事，他们都愿意去做，即使是一般人无法承受的繁重工作。

霍华德，一家电器零售店的主人，在他的社区里享有很高的声望，人们都把他看作是一个关心别人的、正直的人，是一个值得信赖的人。他也很满意自己能成为社区里的栋梁。毋庸置疑，他的生意能够取得成功，要得益于他很好地利用了自己的资源。不管心情好坏，霍华德都会努力做最好的自己——一个受人欢迎的、主动关心别人、为他人排忧解难的霍华德。他就是这样的一个人，不是什么MBA的优等生，也不是什么商业空想家。在霍华德看来，成功确实是最重要的优先事项，他也在公司里投入了很多时间；但更多的时间里，他是在扶轮社、教堂里，或是在当地中学辅导孩子，担任少年棒球联合会的教练。在霍华德最光彩照人的时候，他简直可以和比尔·克林顿媲美。不管店里的生意怎么样，每周结束的时候，霍华德都会感觉很满足，觉得实现了自己的价值。根据他的说法："我的工作并不是出售电器，而是通过满足人们的日常需要，带给人们快乐和满足。从这里高高兴兴走出去的人越多，我的公司就越成功。"如果有一位商人来评估霍华德的公司，或许会说霍华德是在遵循着一种客户满意模式。但实际上，公司的成功，只是因为霍华德活出了真实的自我。他越是尽情地展现自己的天赋，就会变得越富有，他的感觉也就越好！

开启了财商的人，能够敏锐地发现他们的行业以及相关行业的动向。例如，一位美术教师知道，如果让他去和一名软件开发工程师竞争一个给专业人员上课的机会，他是不可能获胜的。当你选择一个领域去挣钱，不可避免地要受到一些社会因素和经济因素的影响，这种影响既有坏的，也有好的。开启了财商的人懂得这一点，并能将它变成自己的一种优势。既然世界上到处都有他们需要的资源，他们当然乐意突破自己的专业领域，探索怎样才能把不同的领域成功地结合起来。比如那位美术教师，虽然得不到为专业人员授课的机会，但他可以为有学习障碍的孩子开发一套在电脑上使用的教学系统，或者一位瑜伽教师可以为上班族开发一种在办公室修身养性的方法。当你拥有了财商，你不但可以在自己从事的领域获得成功，也可以通过和人们建立新的联系，使用新的资源在全新的领域取得成功。我们认识的一位舞蹈教练推出了一套DVD，教人们做简单的运动来放松精神，结果，这款产品在企业界的中级管理层中受到了热烈欢迎，大家在开会前用这种方法来放松神经、集中精力，然后再精神百倍地去解决分歧和争执。在这之前，你能想到开会竟然能和舞蹈扯上关系吗？

以成功为优先事项的人，都会制订一个理财计划来安排自己的收入、开支和投资，他们会坚持不懈地执行自己的计划，并牢牢记住自己的长远目标，绝不会半途而废。

西尔维娅，一名42岁的系统工程师，她放弃了工作，创办了属于自己的企业。她制订了一份很有野心的、详尽而严苛的商业计划书。在西尔维娅看来，衡量计划成功与否的标准，不仅包括实现财务上的目标，也要包括实现她和团队成员的个人目标。西尔维娅知道，在创业阶段，需要所有人付出艰苦的努力，所以，她希望成员们能够认识到他们能从计划的成功中得到怎样的回报。在她的努力下，所有人都充分理解了计划失败带来风险，也理解了他们必须要全力以赴。西尔维娅承诺由她为企业筹集足够的资金，避免动用团队成员个人和家庭的财产。她也只拿很少的酬劳，直到公司足够成功了，可以使所有团队成员都能得到丰厚的回报。对于西尔维娅来说，严格地贯彻计划、有明确的目标、团队间精诚合作，这些因素是她成功的关键。

以成功为优先事项的人也懂得，存钱和花钱并不是他们奋斗的终极目标。我们一些在21世纪90年代的科技热潮中致富的客户都发现，当他们把时间和金钱回馈给世界，更能够增强他们的成功感。比尔·盖茨就是一个著名的例子。再看一些不那么知名的例子吧。西雅图市有一家名叫社会风险投资伙伴的公益风险投资组织，专门与非政府组织（NGO）进行合作，帮助他们保持财务稳定，并为他们引入所需的商业技巧和资金。组织的股东都是捐赠者，他们拿出了一小部分的个人财产（每年6000美元），投入了大量的时间，还贡献出了多年和新兴企业的合作经验，通过这些方式来支持非盈利组织的发展。从个人的角度来说，这些捐赠人已经获得了成功。通过帮助他人获得成功，让他们感觉自己更加富足了。成功始终是他们重要的优先事项，只不过他们把重心从自己的成功转移到了别人的成功上。

和拥有财商的人相反，缺少财商的人通常认为，这个世界是贫瘠的，永远都不会有充足的资源，能供应给他们的也只有这么多。（不管我们把世界看作是充裕的或是贫瘠的，这些观念的形成要追溯到童年的经历，我们会在关于财务效能的那一章进行详细的讨论。）他们这么看待时间，也是这么看待金钱。他们会想："如果她要上西班牙语课，那就不会有时间陪我了。"

缺少财商的人，经常混淆欲望与需要之间的区别，他们很难区分什么是必需的，什么是并不重要的欲望，只是因为想得到某种东西，便认为自己真的需要，然后就掏出了信用卡。这让他们感觉很痛快，觉得自己很威风，但这样的感觉持续不了多久，很快他们会发现，那些消费是错误的，根本没有满足他们最重要的需要，然后，他们就陷入了焦虑之中。在这个国家，信用卡债务的失控已经算不上什么秘密了。焦虑和压力正在急速地扩散，我们相信这两者之间是有联系的。

作为咨询师，当我们看到客户完全不计后果地花钱如流水时，都会希望他们不要再这么放任下去，真想给他们头上浇一盆冷水，告诉他们："坐下来认真地看看自己的生活吧！到底什么东西让你变得这么贪婪和不知足，让你花了这么多根本不该花的钱，给自己制造了这么多压力呢？"我们希望他们能从习惯的思维中抽离出来，透过全新的角度去审视自己的生活——从一种开启了自己的财商后获得的角度。

马丁的成功之旅，开始于拉斯维加斯的赌桌，那时他还只是个大学生。尽管他已经破产，几乎快要缴不起房租了，但他仍是一个很聪明的数学高手，他把数学知识运用到了赌场上，很快就找到了赢钱的办法（这当然是合法的）。他并不是个贪婪的人——他也没想着要赢上几百万美元。和大多数拥有财商的人一样，他知道自己需要足够的钱来做自己想做的事；也就是说，他需要还清助学贷款，还需要挣点创业的钱，而他也确实做到了。他不仅赢够了完成自己学业的钱，还存了一笔储备金，开始了他在投资行业中的冒险。

马丁喜欢思考和学习，也喜欢胜利，但他最喜欢的是数字。带着对数字的热爱，马丁全身心地投入到了新的冒险中去。他享受着创造、学习、成功的乐趣，并尽一切努力来完成这次冒险。他不分昼夜地辛勤工作，开创属于自己的事业。他对所从事的工作表现出由衷地热爱，从而获得了极大的成功。

他之所以成功，是因为他想挣很多钱吗？不是，他想要的是找到关于投资策略最完美的运算法则。他的成功，是由于他有毅力吗？或许是。他告诉我们："为了成功，你必须得穿透所有阻挡你前进的墙。"他的目标是清晰的，他的承诺是坚定的，没有什么能阻挡他的前进。

此外，马丁相信，能和那些会提意见的人在一起，分享他们的观点和意见很重要。马丁很善于听取别人的意见，并对所有的观点进行认真的分析，然后，在这一天结束的时候做出自己的决定。

后来，马丁来找我们，跟我们谈起他的家庭。因为围绕着他的财富，他和家人产生了一些摩擦。马丁的优先事项是成功，但这并不是孩子们的优先事项。他们希望马丁能捐赠出更多的财产来为世界做点善事。"毕竟，"他们说，"如果这些钱能给其他人带来帮助，死抓着不放又有什么用呢？"

马丁想要继续工作，挣更多的钱，但孩子们却说："多少才算多呢？你的钱已经多到你这辈子都不用再去工作了。这些钱足够你生活了，再也不用你去和资本打交道了，为什么你还想着挣更多钱呢？"他们希望他能花更多的精力把钱回馈给社会，而不是把钱都囤积起来。马丁明白孩子们的意思，但他实在无法放弃自己的工作。他喜欢看着自己的财富一点点地增长，更重要的是，他热爱那些追逐财富时带来的机会；这是他人生享受的一部分。而且，他也不是对把财富回馈给社会毫不热心，他已经参与过几项慈善事业，每年都会捐出一大笔钱（尽管孩子们觉得他捐的还不够多）。

马丁不想停止工作，但他想让自己的生活更平衡一点（当然，这也是我们赞成的）。他想要腾出足够的时间来发展其他的兴趣，比如在他喜欢冲浪的那片海滩附近建一座度假屋，帮助他的孩子找到自我和人生的方向。此外，他已经离婚很多年了，现在也希望再找个老伴。我们帮助马丁实现了这些目标，帮助他创造了属于他的富足生活，这不仅意味着拥有很多钱，也包括许多我们在这一章讨论过的其他要素。用成功作为优先事项已经为他创造富足的生活打下了基础，这与释放自己的激情并不排斥。

这些拥有财商的人都有些相同的特质，比如马丁和霍华德：就消费方式而言，他们都坚持量入为出。这一点，沃伦·巴菲特可谓是绝对的典范。尽管拥有370亿美元的财产，巴菲特仍然生活在内布拉斯加州奥哈马市郊区的一套五居室内，这是他在1958年用31500美元买下来的。

有些人在财富增加之后，通常会过上奢华的生活，但他们绝不会冒险去"杀掉下金蛋的母鹅"。在局外人看来，他们挥霍无度，但事实上，他们用于生活的开支只占总资产的一小部分。如果以成功为优先事项，拥有财商的人或许会用资金杠杆（贷款、借款）来撬动商业上的成功（他们常会拿自己的一部分钱和别人的一部分钱来冒险），但他们会谨慎地处理自己的债务。没错，他们很享受自己所做的事情，但他们知道，"金钱来之不易，去之不难"。这些从一无所有中打拼出来的人，绝不会去冒会让他们回到一无所有的风险。

遗憾的是，社会上随处可见一些拥有了巨额财富却不懂得珍惜的人。至于例子嘛，随便到网上找一找，或是翻开一本杂志，或是听听新闻，你就能发现许多职业运动员、名流和中了彩票的人，他们一旦挣了钱，立刻开始大肆挥霍。我们已经说过，无论一个人有多少钱，即使是几百万美元，也有可能会混淆需求和欲望，不知节制地消费，最终陷入和典型的美国消费者一样的债务危机中去。

二、优先事项2：人际关系——和朋友、家人、同事和有影响力的人和谐相处

如果人际关系对你来说是最重要的优先事项，你一定非常热衷于拓展和维护你的人际关系网。良好的人际关系是一种很好的滋补品——有时候甚至能让人返老还童，同时也是一种非常有用的人际合作和商业合作的资源。一般来说，我们花多少时间和别人交往，会在很大的程度上

影响我们的行为。通常，和男性相比，女性更倾向于认为，她们获得的支持主要来自亲密的朋友。莫莉告诉我们："如果没有我最好的朋友，我真不知道自己能干什么。我会把我所有的事情都讲给她听。如果我的生活中出现了什么好消息、坏消息或困难，我第一个去找的人肯定是她。对我来说，友谊是无价的。"对莫莉而言，她的成就感和满足感是与她的朋友、生活伴侣紧密联系在一起的。许多女性丢开了自己的工作或是完全放弃了工作来照料她们的孩子。有些女性觉得自己有这个责任，而且也渴望留在家里照顾家庭，另外一些女性则认为这样做更多地算是一种牺牲。对于那些所谓的"三明治一代"的家庭成员来说，也确实是这样。她们既要照顾孩子，又要照顾老人。而那些单亲父母，更是不能奢望有人替他们来照顾家庭。

有时候，这样的女性（或是男性，比如家庭主夫）会觉得她们当初的选择糟透了，因为她们觉得自己没有给家庭做出多大的贡献，起码没有再给家里挣上一分钱。这种想法，可没有把她们为家庭付出的"无偿劳动"考虑进去。对一些人来说，照顾家人和家庭，可以使她们找到人生的意义和目的，让她们感到充实和有成就感。照顾家庭提高了她们的自尊，她们也给家庭带来了爱，幸福美满的家庭生活离不开她们的贡献。

拥有良好的人际关系，也能够让你在职场上获得成功。有一天，我们的客户罗恩找到我们，说："教教我，怎么才能让生活变得更充实呢？"罗恩是家族中唯一离开了那个被他称为"贫民窟"的工业衰退了的小镇的成员。他获得了工程学的本科学位，进入了科技行业。从一无所有起步，罗恩和别人合办了一家公司。38岁时，他已经有几百万美元的资产了。

罗恩成功的秘诀，是他懂得获得成功不仅需要努力工作，更重要的是要寻找到正确的人来建立正确的团队。罗恩坚信，充分利用好能产生杠杆作用的资源能够带来更多的机会，帮助他获得成功。而人力资源是其中最重要的一种。罗恩是个非常擅长分析和制定战略的思考者。他会为自己设定一个目标，然后制订一个计划来寻找正确的人帮助他实现目标；更重要的是，他始终都会用积极的眼光看待别人。他喜欢他见到的每一个人，在他看来每个人都是善良的。如果有员工辜负了他，他首先想到的是，想办法对他们的错误造成的损失进行补救，并且假定他们的初衷都是好的。不过，如果他们继续辜负于他，他就只好解雇他们了。

他告诉我们："我学会了一件事，那就是你必须让最聪明的和最好的人围在你身边，我正是这样做的。我工作很卖命，挣到的钱比我以前梦想过的还要多。后来我卖掉了公司，我想可以用这笔钱来赚更多的钱，所以，我想要组建一个最好的、最聪明的团队来帮我实现这个目标，来帮助我完成我选定的不论任何项目。"

他的座右铭是"一加一等于四"。他相信对于工作和生活中的问题来说，多个大脑来帮你思考是最好的办法。他努力地结识身边的每一个人，从住在隔壁的老太太，到某个公司的高层，这些人都有可能成为他打开机遇大门的钥匙。他也很乐于介绍这些人彼此认识，不管他们是他在工作场合、篮球场，还是在邻里关系促进会里认识的。

和其他来向我们求助的富足的人一样，罗恩希望自己的生活能更平衡一点。他告诉我们，他的目标是"过得更快乐，还要建立一个家庭"。考虑到罗恩的交际能力，我们毫不怀疑他能做到这一点。我们建议他少花一点时间在工作上，利用他的交际特长，多参加一些纯粹的社交活动。不久之后，他就认识了一个很好的女士，并且和她结婚了。现在，他们已经有了两个孩子。

像霍华德和罗恩这样的人，人缘很好，而且天生懂得如何把合适的人团结在一起，如何发现良师益友，如何以朋友的态度待人而又不失权威，如何使客户感觉自己很重要，等等。这些人际交往的技巧，真诚地尊重和欣赏别人的方式，能够帮助你在任何领域中取得成功，并且获得财富。成为一个人际沟通专家，除了能给你带来商机，还能带给你更多其他的东西。良好的人际关系，能让你获得一种成就感和自主意识。这本身就是一种成就，也可以说能为更多的成就打开一扇门。当你在使用这项天赋的时候，你会感觉自己进入了正确的轨道，正在做那些最有意义和最能使你满足的事情。

如果你选择了一条真正符合你的价值观并能发挥你才能的道路，在财商的配合下，你所培育的良好的人际关系，就能为你的成功起到杠杆作用。

女性和男性对于花时间和人交际这件事的看法，有很大的不同。许多女性都抱怨自己挣不到钱，但没意识到，这其实和她们花了太多时间和精力去关心他人有很大关系。她们还没明白自己选择的花费时间的方式带来的影响。要是她们有稳定的经济保障，就不必出去工作，可能她们还是会抱怨："有太多人需要我陪了，我都没时间留给自己了。"例如，我们的客户西莉亚，她发现自己必须减少和朋友一起吃饭的时间，因为她希望能多做点对自己更有意义的事，比如学钢琴。

男性面临的问题和女性正好相反。（我们不想宣扬一种性别刻板的印象，但从这么多年的观察来看，事实就是如此。）男性通常会先花20年或30年时间来发展他们的事业，然后突然发现自己的孩子竟然都不了解他们。非常多的男性客户对我们说过："天哪，我真希望当初能多花些时间陪陪孩子。但现在说什么都晚了。"

如果人际关系确实是你最重要的优先事项，对于应该花多少时间来构建你的人际关系网，并没有标准答案。不过我们建议，你应该在社交、爱情、工作和家庭义务的时间分配上取得平衡。当然，根据你的不同人生阶段，这一优先事项的性质会发生变化（其他优先事项也是一样）。这无所谓好坏，但如果你想开启你的财商，就得在把时间花在什么人身上以及用这些时间做什么事情上做出明智的选择。

三、优先事项3：效率——从事能推动你在人生的道路上前进的活动

我们把效率分为两种：（1）工作上的效率：从事你赖以为生的活动；（2）其他事情的效率：从事工作之外的活动（可能会，也可能不会给你带来收入）。

在你开启了自己的财商之后，如果你能明确地、有意识地去追求效率，把它作为你的优先事项，你就会知道自己要做什么，怎么去做，能让你取得什么进步。要是目标和行动不够明确，你可能会忙得晕头转向，做了许多事却可能全是无用功。事实上，被牵涉到太多事情里，会让你产生一种错觉，以为自己很有效率；但实际上，那些可以让你实现富足的事情，即你真正喜欢做的和需要你做到的事情，却一件也没干成。一个赶着去开家长会的女人，怀里抱满洗完的衣物，手里提着一篮曲奇饼，在街上横冲直撞，她似乎也很有效率；但如果她的梦想是成为一名雕塑家，这些事情和杂务（完全可以由他人代劳）显然是她的绊脚石。

记住，忙碌不等于有效率。例如，一个僧人，当他打坐的时候，即便表面看来他什么也没做，实际上他是在通往觉悟的道路上大步前进着。对于效率来说，目的是一个关键的因素。比如，同样的行动（拿园艺来说）对于一个人来说是有效率的，对另一个人来说则不然。克劳迪娅很喜欢去花园。这可以为她的灵魂充电，使她放松，然后她就可以更加有效率地去工作了。布兰达则正好相反，她讨厌花园，但她在自己公寓的阳台上保留了一个小花园，因为她妈妈坚持认为每个家庭都应该养些植物，所以一直对她唠叨，直到布兰达买了几盆植物回来。对她来说，照顾植物只不过是例行公事而已。

有时候，当我们和别人讨论起效率时，他们就会产生自卫心理。他

们说："好吧。要是我得到了世界上所有的钱，我就不用干这么多工作了。然后，我就有更多的时间去做我喜欢做的事，而不是做我不得不做的事了。那时候我就会做 X、Y 和 Z。"我们这几十年见过形形色色的客户，但成功的那一类有一个共同特点：他们都能准时赴约，不管他们有多忙。如果他们觉得某些事情很重要，能够帮助他们接近目标，他们就会挤出时间。注意，这些事情之所以重要，是因为能帮助他们进步。如果你想让自己变得更有效率，你必须要清楚哪些事情能帮助你实现自己的目标，而且要有效率地将之完成。

在这个世界上，有很多事情在抢夺你的注意力，你很容易会觉得自己完成了很多事，但实际上并非如此。许多人花了大量时间来处理一些日常琐事，比如记账，或是回复不必要的邮件，然后再抱怨他们没有时间去做让自己欢乐的事。通常，没有时间做自己想做的事，只不过是我们给自己编造的一个虚假故事而已。

我们也是生活在真实的世界上，所以我们能够理解，许多人每天都有一些义务要去履行，比如去超市购物、洗衣服、送孩子练习足球、修理车库的门等。这些事情得去做。我们不会建议你怠慢这些事，但会希望你能找到其他的方法去完成（外包或是制订一个更有效率的计划），好让你省出时间来做能让你更加靠近目标的事。对某些人来说，这些琐事会降低他们的效率，但对另一些人来说，这些琐事则是一座阶梯，可以让他们的生活更有效率。我们有位非常富有的客户，她认为每一件日常工作（比如给家里洗衣服）都是有价值的。因为满足家人的需要，也是她实现自我的一种方式。

关键在于你要明白，那些感觉上很有效率的事，并不一定能让你取得进步。请花点时间，认真地反思一下，你做出的选择是让你在原地打转，还是切实地推动你向目标不断前进。

有趣的是，当我们鼓励某些很有钱的客户雇佣一个私人助手，好让他省出一些时间的时候，他们全都拒绝了。对于那些绝大多数人都在抱怨而又不得不做的事，他们完全有能力雇佣别人来帮他们处理。但他们觉得这会让他们很愧疚，或是担心别人不能把事情做好。人们都会习惯性地认为，这些日常琐事必须按照特定的方式去做，否则就会做不好。或许把这些事情交给别人去做，确实不如他们亲自动手做得好，但如果你放弃在这些事情上的完美主义，而利用节省出来的时间，你可以去干点什么呢？如果我们能把精力放在能给我们带来成就感的事情上，即便是每天投入一个半小时，也能让我们向着目标迈出一大步。

效率，不仅对于创造财富来说是重要的，对于生活的其他方面来说也是如此。丹尼斯是一个长得很帅、身体健康，而且很有责任感的年轻人。30岁的时候，他的事业正蒸蒸日上，拿着可观的薪水，有许多好朋友。他是一家中等规模公司的财务分析师——不是什么很有威望的工作，或者说不是份会让他发大财的工作，但这却是他很擅长也很喜欢的工作。当他早上起床的时候，他都知道自己将怎么度过这一天。他过得很幸福。

丹尼斯偶尔会去买乐透彩券，和大多数人一样，他从没指望过能中奖，但有一天，大奖砸中了他。现在，他每年都能得到一张100万美元的支票，而且可以连续领18年。唯一让他后悔的是，自己不清楚兑奖规则，没有选择一次性领完1800万美元。他告诉我们："我以前从来没中过奖，所以我也不知道该怎么填那些领奖规则上的内容。"

当丹尼斯坐到我们面前，我们问了一个对每个客户都会问的问题："你为什么会来找我们呢？"他安静地坐在椅子上，眼睛盯着地面，看起来很羞愧。他说："以前，每天早上我都会迫不及待地从床上跳起来，做好准备迎接这一天。现在我有了这么多钱，却发现让我离开床是件很难的事。因为我不知道这一天要去做什么。我完全迷失了。"

"我现在唯一想做的事，就是离开这个国家，"他继续说，"那样我就不用处理因为生活没有目标而产生的沮丧了。"对丹尼斯来说，一下子得到了一大笔钱，自己却变得不知所措，说是耻辱可能严重了些，起码可以算是个尴尬的意外。他晚上睡不着，一直在焦虑中挣扎，思考自己该干点什么，为什么自己变得这么不快乐了。

丹尼斯已经失去了他的效率，可是他觉得自己必须要变成一个比以前更好的人，"中大奖这件事是个信号，是在提醒我应该去做一些事情，做一些和我得到的这些钱价值相当的事情。我必须得用这些钱来做些特别的事，为这个世界做点贡献。"这种非做不可的心态反而导致了失败。结果，这种必须要做"对的事情"的压力太沉重了，他根本什么也做不了。

"什么事情能让你快乐呢？"我们问他。

丹尼斯回答说："当我去阿根廷和其他第三世界国家教那些没机会接受教育的孩子读书的时候，我最快乐了。我在那里一待就是几个月。那个时候，我的焦虑不见了，而且过得真的很快乐。我爱那些孩子，他们是那么可爱，不过我想他们为我做的，远比我为他们做的要多得多。我刚登上飞机回国，就开始觉得不安了。"

通过和我们的沟通，丹尼斯发现了他最感兴趣的事情，就是帮助孩子们学习生活的技能，这可以让他们在未来有更好的选择和机会。当他给孩子们上课时，他会觉得自己很有用，而且是在实现一个目标。他会变得很有效率。换句话说，他是在按照他的优先事项生活。我们的工作，就是帮助丹尼斯不用飞过大半个地球，也能获得他的效率，帮助他重新找回生活的目标。

在我们的鼓励下，丹尼斯决定为他生活的社区做点贡献，他开始把大部分的时间用来帮助当地学校里那些得不到充分照顾的孩子们，并且担任了运动队的教练。令他感到吃惊的是，很快他就觉得自己没必要再回到阿根廷去了。因为就像他告诉我们的："我不想再回去了。我得留下来，和这些孩子在一起，他们现在非常依赖我，我确实给他们的人生带来了改变，而且我也重新找到快乐了。"

和我们许多遭受了暴富症候群困扰的客户一样，生活中突然发生一个重大的和钱有关的变化，使得丹尼斯失去了自我和生活的目的。简而言之，他不再知道自己是谁，不知道生活该往哪儿走了。而要想开启财商，强大的自我是非常关键的。讽刺的是，丹尼斯中了大奖，却失去了财商，不得不通过恢复他曾经拥有过的效率，再把财商找回来，尽管这是在不同的地方找到的。

四、优先事项 4：热爱——把兴奋和快乐带入你的生活

"什么让你快乐？"这是我们最常向客户提出的问题。这个问题或许最简单不多，却也是最至关重要的。实际上，我们要打听的，远不是"给他们带来快乐的东西"那么简单。我们是在帮助他们寻找自己的热爱。

热爱是一种身体的感觉，而不是大脑的。可能很多事情都让你觉得喜欢，而且做这些事情能给你带来满足，但如果你真的热爱某件事，当你去做的时候，你会体验到自己身体状态产生的变化。也许你很热爱艺术或是演奏古典小提琴，但热爱并不一定非得是很高雅、很学术的东西。踢足球、织毛衣、制作飞机模型等都可以成为你的热爱对象。

当热爱成为你的优先事项，它会推动你去采取行动。那么，你怎么判断自己对某件事是热爱还是只是喜欢呢？答案是当你热爱某件事，你会感觉到一股无法抗拒的力量，推动你去做，并且渴望取得点像样的成就。当你被这件事情吸引，并且进入了"心流"状态，那么毫无疑问，它就是你热爱的事情。你会专心致志地投入进去，所有其他事情都要靠边站，你注意不到时间的流逝，原先占据你心灵的任何其他的义务、担心，渐渐地全都消失了。

艾米是一位精力充沛、聪明、口才好的女士，她就是那种按照自己的方式热爱生活的人。21岁的时候，她嫁给了她的上司——一个很有抱负的企业家，他比她大15岁。艾米除了照顾4个年幼的孩子，还毫不犹豫地参与到丈夫的生意之中。当她发现自己很喜欢企业家的身份后，她的兴奋和能量便被激发出来了，她开始梦想有一天可以拥有自己的公司。

除此之外，能结识那些令人兴奋和很有影响力的政治家、商人、精神领袖或艺术家，也很让她着迷。对于艾米来说最重要的是，他们能够带给她不一样的思想。她想要融入这个新世界的愿望渐渐实现了。

她告诉我们："我喜欢待在这些人周围，参加他们的活动。我喜欢他们带给我的启发，能进入这样一个社会阶层和这样一个世界，真是太棒了！我对我喜欢做的事情充满了热情，不管是去认识著名企业的创始人、政治人物、作家，还是去环球旅行，或是建立我的公司。"

由于艾米的参与，她丈夫的公司得到了很大的发展，他们也积累了一笔财富。但后来，她站到了离婚法庭上，她的世界，还有她对丈夫生意的参与，全都被终结了。艾米沉浸在对人生的渴望和过分的乐观之中，没有意识到自己的婚姻已经慢慢地但又不可避免地走向了毁灭。然而，和大多数拥有财商的人一样，艾米有足够的能力来面对自己的遭遇，承认自己的错误，然后继续前进。

根据婚前协议，艾米没有从这次婚姻中得到多少钱。孩子们都已经长大了，不再需要她整天跟着，所以她决定开办自己的企业。即便是在离婚的过程中，她也没有放弃过自己的抱负，而是尽快地进入艺术品投资和房地产开发领域。所以，她立刻卖掉了能卖掉的一切东西来筹集创业的资金。为了实现梦想，她愿意做任何需要做的事，而且和许多开启了财商的人一样，她愿意努力工作。艾米买入了一些被取消了抵押品赎回权的荒废的房子，重新进行修缮，然后出租出去。结果，她的租赁生意发展得非常迅速，最终让她的物质生活水平回到了婚姻时期。工作进展顺利，她有了更多的时间去做其他喜欢的事，比如练习瑜伽。艾米重新找回了快乐。商业上的成功，给她带来了稳定的收入，也为她进入艺术品投资行业以及接触来自不同行业的精英提供了机会。当热爱成为人生列车的司机时，你就会像艾米一样感到快乐和满足。

缺少财商的人可以分为两类：一类是因为生活中缺少了热爱，而被无休止的沮丧纠缠的人。另一类则是发现自己的热爱给他们带来了麻烦的人。第一类人受到了"热爱受挫"的困扰，他们更多地是在大脑里而不是用身体去体验他们的热爱；或是心理问题干涉了他们体验自己的热爱带来的快乐，导致他们产生了愧疚、愤怒、沮丧，或是抑郁的情绪。他们也许把热爱作为一种优先事项，但不知什么东西妨碍了他们在日常生活中表达自己的需要。他们哀叹自己的现实生活不够充实。在对人生的梦想中，他们可以活出真实的、充满热情的自己，但在现实生活中，他们却不能。

第二类人发现，当他们去追求自己热爱的东西（或许可以称之为为"破坏性热爱"）时，结果却令人受伤和失望，而且伤害了他们的自尊。他们的热爱总是会给自己带来一些痛苦的、无法消除的情感体验。通常，他们最后通过一些有害的行为断送了自己，比如酗酒、出轨、赌博或是做任性的决定，用戏剧化的方式发泄自己情感上无法解决的负担。所以，为了获得心灵的平静，避免自己不断承受失败和苦恼，他们会试图把这些引起麻烦的热爱埋入潜意识里。不幸的是，这种尝试很少会成功。他们需要专业的帮助来发泄那些破坏性的热爱。

现实生活与理想生活之间，总是存在着一定的距离，对于每个人来说都是如此。你如何处理这段距离，决定着你是获得还是打碎自己的成功和幸福。我们从那些非常成功的客户身上看到，他们总是很清楚地知道自己失去了什么，并能够很快地从失望中恢复过来，去建造一种自己所处的环境、所能允许的最好的生活，或者他们会制订一个计划来创造一个全新的生活。我们有些客户，就成功地学会了如何控制和约束自己，不再重蹈覆辙地去接触自己曾经痴迷的破坏性热爱。比如约翰，他是一个异想天开的男人，他总是被不可能追求到的女人（一种破坏性的热爱）吸引。因为在他成长的时候，他的母亲从来没有好好满足过他的情感需求。约翰认识到，他的问题可以通过将注意力集中到那些可以给他带来快乐的事情上（比如，找一个愿意与他交往的女人）来解决。这种注意力的转移，全新的体验以及认清自己的过去，帮助他重新建立起了自尊。

作为一个成年人，你拥有选择的机会，而没有必要非做以前做过的事情。人生苦短，让改变快点开始吧！拥有财商的人会积极地寻找能给自己带来快乐和满足的热爱，但如果这些热爱把他们带上了弯路，他们会为自己承担起责任，并开辟一条通往理想之地的新路。

五、优先事项5：安宁——获得一种知足、满意和平静的感觉

当我们打算获得内心的安宁时，我们一般会想到做一些安静的事：冥想、瑜伽、在大自然中独处、料理花园、听古典乐等。这些活动确实可以使你获得安宁，但是在嘈杂的环境中，或是在努力奋斗中，比如参加反战集会、争取人权的游行，你也可以找到内心的安宁。就连沙滩排球的游戏，如果你能让自己感觉满足和舒服，那么也能给你带来安宁。

一般来说，既然安宁成了你的优先事项，那么金钱似乎就不该再是促使你行动的主要动力了。如果你想在生活中寻找到更多的安宁，你可能会担心这会影响你的财务状况，比如通过学习写诗，或在教堂里多待一会；但对拥有财商的人来说，金钱和安宁并不是互相排斥的。事实上，他们知道，有些事情是他们想做的、能给他们带来安宁的，也是需要钱的。就真正的富足来说，往往涉及很多的争议。从根本上来说，富足也只是一个关于内心平衡的问题。

从表面来看，莎琳似乎过着令人陶醉的生活。因为她来自一个非常著名的、通过石油工业发了财的家庭。从小她就知道，自己将来可以继承许多遗产，多到她一辈子都不用工作了。但禁闭的豪门背后，却是残酷的现实。在她还是个孩子的时候，她便受到了外人和家人在情感、身体和性别上的虐待。母亲和父亲不止一次地对她说："你又肥、又蠢、又丑。"她也相信了自己真的和他们说的一样。

除了要在家里忍受持续不断的羞辱，在外面世界等待她的也是一样。

这主要是因为她超重得有点厉害。"我一直都记得那次去买车的时候是多么的丢脸，"她告诉我们，"梅赛德斯的经销商竟然叫我坐到人们看不见的地方去，说我不符合梅赛德斯的形象。他还要求我去街角打车，不准我在展厅前面叫车。"

到40岁的时候，莎琳的肥胖和抑郁都严重到了让她想自杀的程度。她决定用手术来解决自己的脂肪，同时也开始接受心理治疗。在那段漫长的恢复过程中，莎琳发现了自己最重要的优点——勇气。她的勇气不仅带领她战胜了过去的创伤，也帮助她做出了新的人生选择。

最后，在我们的帮助下，莎琳重新认识了自己，认识到了自己真正的财富：一颗与生俱来的感恩的心，亲密的朋友，还有为那些比她拥有更少的钱、时间和爱的人们提供帮助的渴望。在接受了培训之后，莎琳成了一名法律顾问，专门帮助那些受到过感情伤害的孩子；她还成了一个基金会，专门向那些与肥胖症有关的项目提供资助。通过这些行动，她终于找到了之前从未拥有过的东西——内心的安宁。

莎琳拥有的钱，使她得到了她需要的身体和精神治疗，但她觉得这些钱很脏，因为那是说她又肥又蠢又丑的人留给她的。安宁对于莎琳的价值，根本就不是这些钱能够相比的。现在的她，比起刚刚踏上寻找安宁之旅的那个她，简直是脱胎换骨了。现在的她，笑容满面，对自己的力量充满自信，语气坚定又能听取别人的意见，再也不会为自己的缺陷感到自卑了。虽然她仍然受到健康问题的困扰，经常需要住院治疗，但如果你见到她，绝对看不到这些困扰在她精神上留下的痕迹。

和许多客户一样，当莎琳获得了内心的安宁，她也找到了从容面对金钱的心态，我们称之为财务心态。在更强大和更理智的自我意识的帮助下，莎琳可以更好地掌控她的财产，她学会了用能给她带来安宁的方式去管理。当人们获得了安宁和财务效能之后，金钱带给他们的焦虑就会大大减少，他们也就能更有效地去管理金钱了。我们见过许多人在把安宁作为优先事项之后，更清楚地知道了自己是谁，对于自己的欲望也能更加从容地接受了，这让他们可以更有效地管理自己的开支和收入，财务状况也越来越好。当你开启了财商，你就成了金钱的主人，不再是金钱的奴仆了。所以，请倾听并尊重你内心深处呼唤安宁和平静的声音。当你享受到了开启财商带来的好处时，千万不要惊讶那时的你竟然把金钱当成了朋友。

六、认识和实践你的优先事项

或许，拥有财商与缺少财商的人之间最大的区别是，前者的生活是和他们的优先事项保持一致的。他们没有做父母、配偶、孩子或社会想让他们做的事，而是在做自己想做的事，因为这是他们的优先事项。他们选择的生活，应该由自己的优先事项来定义，而不是被愧疚、别人的期待或自己的过去所决定。

例如一个木工，如果成功并不是他的优先事项，但这份工作能让他得到无限的满足，能让他和喜欢的人打交道，即使挣不到太多的钱，对他来说也是无所谓的。而对于一位想要投身商界的年轻女士来说，成功就是她想要的一切。她愿意牺牲生活中的其他事情，全力以赴地追求成功。对有些人来说，他们可能有不止一种优先事项，那就要在这些优先事项之间取得平衡。所有这些选择，都是合情合理的；但关键在于要做出明智的选择。我们说的是，你要认识到自己的选择能否使生活和优先事项保持一致，还有你要为这些选择付出什么样的代价。

这些生活中的选择，既有大的方面，又有小的方面。就小的方面而言，你可能需要考虑："我是想要自己开车去机场，还是让别人开车送我？"而在大的方面，你可能需要考虑："我选择的工作和我真正想做的事相关吗？"我们所能提醒你的，就是一定要重视每一次摆在你面前的机会，谨慎地做出你的决定；一旦决定好了，要么尽情地享受你的选择，要么重新选择。开启了财商，你就会认识到，生活中有很多事情，无论何时，你都有第二次选择的机会。

人们的需要是会随着时间和年龄的变化而改变的，认清这点非常重要。如果一个男人花了20年的时间经营他的生意，忽视了家庭，他肯定不会对家人和他的关系不够亲密感到意外。通常来说，年轻人不太清楚他们为了追求目标而放弃了什么，而那些步入人生黄昏阶段的老年人则会看得更清楚。一般说来，随着年龄渐长，你会越来越渴望和其他人多接触，而较少把精力集中在金钱上。

当然，对于任何一个年龄段来说，选择任何一种优先事项都是合理的。20岁的硅谷企业家或许很乐意每天工作16个小时，没有约会，没有社交，也没什么不对。他这样做，正好符合了富足的第二个要素：做你喜欢的能让你忘记时间的工作。

即使他的生意并不怎么成功，他当初的选择也算不上错误，因为他是在用他觉得充满意义的方式度过自己的人生。不过，当他到了40岁或50岁，他的优先事项或许会转向安宁和良好的人际关系。对我们大多数人来说，优先事项是一个不断演变发展的过程。当我们成年之后，就开始不断地演化和被重新定义。关键在于，我们要根据当前的核心价值观来选择要做的事，而不能因为某件事是我们昨天在做的，今天就要继续做下去。有些价值观或需求也是有保质期的，对这一点，我们一定要保持清醒的认识。停下来想一想：你现在的核心价值观是什么？这些价值观是否和你当前的优先事项一致呢？

现在，你可以接受第一部分财商测试了，尽管测试结果可能和你预测的结果有很大的不同，但它会帮助你确认你的优先事项是哪些，并将它们排序。

AFFLUENCE INTELLIGENCE

第3章
找一找，什么是自己的优先事项

Earn More, Worry Less,

and Live a Happy and Balanced Life

现在，让我们来谈谈你吧。你对金钱、意义和选择的真实看法，都会在阅读这本书的过程中一一被揭示出来。你将确定对于今天的你来说，什么是最重要的，你希望将来能有什么改变；同时，你还会学到帮助你开启财商和实现目标的行为技巧和态度。你将会了解到一些关于自己的，你之前没有意识到（或者只是有过一些疑惑）的事情。

做完这些测试之后，你会得到一个财商的得分，即你在下列几项测试中的得分总和：

- 优先事项
- 行为和态度
- 财务效能

财商能够反映你目前的优先事项（选择），态度和行为，以及财务效能的现状。你的得分，可以很清楚地说明你现有的优势和弱点。通过阅读本书，你可以了解到自己距离富足的目标还有多远。这个分数并不是用来评判你的，它纯粹只是一个数字，可以帮助你搞清状况，以便为你采取行动做好准备。不要担心你的分数会很低，也不要为了得到一个较高的分数在答题过程中有意给出你猜想"正确"的答案。

测试的第一步，根据你目前的生活现状和对未来的期望，考察你的优先事项是什么。让我们来回顾一下，财商的优先事项包括：

- 成功：创造和管理金钱来满足你的需求和欲望。
- 人际关系：创造和维护与家人和朋友之间重要的社会关系。
- 效率（工作）：从事你赖以谋生的事情。
- 效率（其他）：从事工作之外的事情（不一定能给你带来收入）。
- 热爱：把兴奋和快乐带入你的生活。
- 安宁：从事能让你知足、快乐和平静的事情。

一、测试 A 优先事项测试

根据你当前每周经常从事的活动，以及从今天起接下来的一年里你希望自己的优先事项怎样排列，并对这些优先事项进行评估。考虑一下你今天和今后的一年，按照重要程度（等级次序）在57页的表格上排列这些优先事项，1是最重要，6是最不重要。（把某件事排在第6位，并不意味着它对于你来说不重要，只不过它不是最重要的而已。）这个排序可以让你看到自己目前的生活，与梦想中一年之后的生活之间有多大差距。

二、诚实地面对自己

做这种类型的测试时，你会面临一个挑战，即如何用客观的眼光看待自己。因为我们心目中的自己和事实上的自己，可能会是完全不同的两个人。例如，一个男人是一个工作达人，他说人际关系是他的优先事项，希望能和所爱的人度过更多美好的时光，但是如果他每周只拿出几个小时来陪孩子，那他要么是对自己不够诚实，要么就是根本不了解自己。你可以请了解你的人来给你的答案提提意见，或者你填完表格之后，请他们帮你也填一份，然后把你们的得分相加，再取一个平均分，这样可以保证你的测试结果比较客观。

确认你的优先事项时，你需要把你觉得最重要的东西和你实际上分配时间的方式综合起来进行考虑。在某些情况下，时间是一个很好的标准，可以用来评估某件事情对你来说属于哪种级别的优先事项。比如，要是你每周花很多时间来改善你的高尔夫球挥杆动作，很显然，打高尔夫球很有可能就是你的一个优先事项。我们有一位名叫丽莎的客户，她是一名作家。她一边工作，一边在一所研究生院就读。很多同学会和她说："我真希望我也有时间来搞搞写作。"但说完之后，他们就开始互相询问："嘿，你昨晚看迈阿密犯罪现场调查了吗？"要是这些学生把看电视的时间用来写作，那才真是把时间用到了他们希望用到的地方。对他们来说，安宁（放松和悠闲）要优先于效率（其他）。填写这张表格，并不是要批判你的生活方式，而是帮助你更好地了解自己是如何生活的。在和客户初步接触时，我们会选择一个办公室之外的安静环境，和他们做一次6小时的会谈。请他们简单地评估一下他们的时间在自己、人际关系、工作和社区这几个方面是怎么分配的。我们会要求他们按百分比把时间分配到这4个方面上。举例来说，一个人每周可能平均会花10%的时间在自己身上，30%的时间用来经营人际关系，55%的时间用来工作，5%的时间花在社区事务上（比如做个志愿者）。当你看到自己是怎么使用时间这种金钱买不来的东西时，肯定会大开眼界。所以，你真的应该坐下来，用一支笔和一张纸，把你花在每件事情（工作、和亲朋好友度过的时光、运动、展示你的艺术才华、去教堂做礼拜等）上的时间列成一份清单。

时间并不是确定一个人的优先事项的唯一标准。例如，坎迪斯是一个职场单身妈妈，对她来说，优先事项是做自己喜爱的事情——弹钢琴，但她每周只能在孩子去别人家玩的时候，才有时间练习两次，每次1小时。这并不是说因为她每周必须工作至少40小时，同时还要做家务，就意味着效率是她第一位的优先事项。对一些人来说，有些事情比如瑜伽、冥想、打理花园，但这也足以说明内心的安宁是他们最看重的优先事项。不要忘了，财商也包括"过有意义和有目标的生活""让你的健康保持在最佳状态"这些方面。对我们中的一部分人来说，这些方面才是最重要的优先事项，但我们花在这些事情上的时间，要比花在工作、养育孩子或处理日常事务上的时间少得多。所以，我们分配时间的方式，能说明我们是如何分配自己的生命能量的，但并不一定能说明什么东西是我们最在乎的，或者哪些事最能让我们感觉到自己活得有意义和活得富足。

所以，对自己分配时间的方式，一定要做慎重的考虑，不仅要考虑你喜欢做的事，还要考虑那些为了你生存和完成某些责任必须要做的事。然后将思维转换一下，想想看，要是把那些没有意义的活动缩减掉，你会利用空出来的时间做什么呢？

我们知道，人们要想做到客观地看待自己是极其困难的，就算是非常有钱的人，也有可能会对自己的行为缺乏了解。我们有位客户，一直在遗憾地说自己没有时间去做想做的事（比如参加健身课，或是和朋友们聚聚），因为她必须工作。事实上，萨拉的丈夫一年的收入将近50万美元，因此她并不是真的非得工作不可。不过，她心里一直牢牢抓着这样一种信念：她的优先事项应该是效率（工作）。因为她出生于这样一个家庭——在家庭的观念里，工作不仅是第一位的，而且是第二位、第三位的真正有价值的事。如果不工作，她会觉得自己是个"懒惰的、没有贡献的人"。萨拉在她的原生家庭中形成的观念——每周必须工作60个小时以上才算得上是有效率，让她形成了一些错误的意识，妨碍了她对效率做出更开放、更中肯的定义。我们有些拥有财商的客户说："如果我每周工作70个小时，还想去健身，那我就会挤出时间去。"他们会牺牲睡眠的时间、和朋友吃饭的时间，或者无论什么时间都要去做这件事。

有时候我们会听到客户说："我真的让自己的心灵归于平静了，这是我的一个优先事项。"我们会说："很好！那么，你是怎么做到的呢？"要是他们说不出来，我们就知道，他们渴望的现实和真正的现实之间是有距离的。因为空口无凭，空谈你觉得什么东西是最重要的，这是很容易的事。所以，在你确认自己的优先事项时，一定要找出实例来，证明你确实在花时间做这些事。

填写这个表格时，对自己做到诚实是非常重要的。这意味着你想看到你在目前的生活中真正在做的事，而不是希望或幻想你在做的事。记住，我们总是想给自己涂上一层美化的光辉，这会人为地模糊现实和理想的界限。所以，请务必将真实和理想区分开来，不要掉进魔幻思维的陷阱，或满脑子"我应该，我本能够，我将能够"。例如，一个男人很想认真地承担起养家糊口的责任，而且他自以为干得不错，然而事实上他只是一个低收入的工薪阶层，并没有把精力放在赚钱上（根据他受过的教育和训练，他本应该挣得更多才对）。他所有的精力都用来追求他的热爱——航海。或许在测验的时候他会把成功列为最重要的优先事项，但在他的行动中根本没有体现这一点。

你还需要牢记的一点是：你正在评估的是你当前的优先事项，而不是10年前或者你上大学时的优先事项。我们的优先事项随着时间的流逝，也会自然地发生改变。例如，一个很理想主义的大学生希望改变世界，所以她加入了美国和平队，来到非洲帮助当地人建造水井，获得清洁的水源。在这里，她的努力工作为许多村庄带来了改变。她首要的优先事项是内心的安宁，效率（其他）是第二位的。然而，到了25岁，她开始觉得一个人的力量并不足以改变世界，所以，她把注意力转移到了自己和生活上。她回到美国，找了一份活动策划的工作。她开始挣钱，虽然她会把这些钱用来帮助非洲的家庭，但她人生的重心已经转移了。她仍然在努力地工作，但现在效率（其他）成为她首要的优先事项，而成功晋升到了第二位，安宁则下降到了第三位。

这是一个正常的发展过程。随着人们逐渐长大，学到更多关于生活的内容，我们的价值观和人生目标也会随之改变。财商的测试，正是要帮助你看清今天的你是谁，以及今后一年你希望变成谁的方法。

三、关于效率（其他）的话

我们最常听到关于这项测试的反馈是这样的："嗯，对有钱人来说，他们当然可以选择自己的优先事项，但我不得不去工作，因为我得养活自己，所以效率必须是我的优先事项，我实在没得选。"坦白地说，我们认为这不过是你用来解释为什么没有按照自己的价值观生活的借口。当然，你确实背负着一些责任，但你仍然可以有更大的梦想，可以拥有更好的人生。仅仅一份工作并不会剥夺你所有的机会。毕竟，就算你有一份全职工作，每天睡8小时，你每周还有64个小时的剩余时间来做你想做的事。我们还从没见过一个人在面临挑战的情况下，没有办法为自己或梦想每周抽出一两个小时的时间来，即使她是一名职场单身妈妈。请你记住，水滴石穿。

我们希望你能树立雄心远志，重新寻找生命的可能性，但要是你始终把工作当作生活的磨难，或是过分执着于努力工作的习惯，恐怕你很难会对明天抱有什么期待。你更应该多想想那些你能够做到的、可以实现人生目标的事情。我们有许多企业家客户成功的秘密，就是做长远的思考。他们中的大部分人都是白手起家，但他们用激情把梦想变成了现实。他们建立企业的时候几乎一无所有，但他们拥有不屈不挠的毅力、开放的心态、良好的适应能力和乐观的天性。他们也经历过艰苦的劳作，有过失败和迷失，但他们挺了过来。因为，比起其他任何事，他们更热爱创业，热爱把一种理想变成现实，热爱让人们充满激情地团结在一起，向着共同的目标前进。他们拥有财商，因为对他们来说，过程远比结果来得重要。当然，他们也喜欢挣钱，但他们的成功在于创造事物的过程，而不是银行账户里的数字。

说到富足，很多人都不敢去梦想自己的人生可以更美好、更成功，他们认为这是不可能实现的。所以，他们抱着一种"差不多就行"的期待和态度生活，把自己关进了一座精神的囚牢。在大部分的时间里，我们都在期待别人（即生活伴侣、家人、工作、社区或政府）找到钥匙，把我们从牢房里释放。在这里，我要告诉你一个既会让你高兴又会让你恐慌的消息：打开这座牢房和开启你财商的钥匙，就握在你的手中，只要你愿意透过自己设置的监牢看到真正的现实。待在牢房里感觉或许很舒适，但这绝不是一种富足的生活。一种熟悉的生活或许是舒服的，但也同样可能成为你的监牢。

为了指导你更好地完成这部分测试，我们根据自己的实际情况各自填写了一份表格，作为例子供你参考。

四、史蒂芬的优先事项测试

史蒂芬把效率（工作）排在第一位。（琼对他的这个评估表示赞同。记住，在可能的情况下，尽量找一个人来客观地评估你的答案。）效率（不管是工作上的，或是其他事务上的）对史蒂芬来说都具有很大的价值，它能给他带来巨大的情感回报。也就是说，从承担责任中获得的一种成就感。他的父母都是工作勤奋的人，在他年幼的时候，勤奋工作的道德原则就已经在他心里扎根了。

人际关系排在第二位，因为史蒂芬每周都会花许多时间和朋友、家人一起度过。热爱（回归大自然、旅行或弹吉他）排在第三位，因为工作很忙，他一直找不出太多时间来从事这些放松的活动。琼则认为，在她看来，史蒂芬把热爱排得太靠后了。她指出史蒂芬的生活中总有些事情抢占了本应该分配给这些热爱的时间。今年可能是有一些令人激动的工作项目，明年可能是有一套房子出售。同时，她提醒史蒂芬，尽管他很热爱自己的工作，并且对工作充满激情，但热爱正如我们对它的定义一样，意味着做那些除了喜欢之外，还能让你兴奋得颤抖、蠢蠢欲动、进入忘我境界的事。效率（其他）排在第四位。内心的安宁和成功分别名列第五位和第六位。

这个排名，主要是根据史蒂芬平均每周用在这些活动上的时间。

接下来，史蒂芬需要考虑这样一个问题：从今天起一年之内，我希望这些优先事项怎么排列？经过一番思考，史蒂芬认为安宁应该维持原有的排名。不过，他承认在将来的某个时候，要是他能更重视安宁，他会更加快乐。至于具体怎么做，史蒂芬承诺要多做日常的冥想练习，并且努力训练自己对某种情况或某个人做出回应时不要太着急，要先缓一缓，认真地思考一下。

对史蒂芬来说，要决定改变哪些优先事项的排名，实在是件棘手的事。因为，要想把其他优先事项排到第一位，他就不得不降低效率的重要性。（正如我们会提醒客户的，一天之中的时间就这么多。）史蒂芬想过降低效率（工作）的重要性，好分出时间投入到其他优先事项上，琼怀疑这有点不现实，因为考虑到史蒂芬的职业道德，很难想象他会减少工作时间。如果有个了解你的人对你的决定给出反馈，你就有了重新思考的机会和修正选择的可能性。在这个例子中，正是琼的反馈，让史蒂芬得以更加清醒地看待他对自己的期待。

史蒂芬做出的一个很大的改变，是让热爱成为更重要的优先事项。他热爱的活动包括远足、欣赏音乐剧、参加音乐节、弹吉他（即使他已经离开自己的乐队成了一名心理学家，他还收藏着3把吉他和2把电吉他），还有旅行。自打20岁以来，他每年都要拿出7周的时间去旅行。下一年，他打算去拜访条顿人，到夏威夷潜水，到印度南部游玩。这些事情他最后做到了！

成功仍然排在第六位。琼有点不同意，她说既然史蒂芬在工作上花了这么多时间，成功应该是更重要的优先事项才对，但他辩驳说，他热爱的是工作本身，而不是通过工作挣到多少钱，安宁和热爱对他来说更重要。在这个例子中，琼质疑史蒂芬的选择，既帮助他肯定了自己的选择，也让他对这些选择有了更清醒的认识。

作为一个年过55岁的男人，史蒂芬对于自己拥有的钱和生活方式已经很知足了。他现在更希望能接受一些才智上的挑战，和人们分享他从生活中学到的东西，给他们带来一些实际的影响，以及找出时间来做他真正想做的事。

最后，史蒂芬承认，在接下来的一年里，他并不希望给效率（工作）降级，因为他还有几个很值得期待的项目要做。这体现了要做到公正客观地排列优先事项，必须考虑的一个关键：将现实和理想综合起来进行思考。尽管不会改变工作的排名，史蒂芬也看到，他可以减少一些花在业余爱好上的时间和精力，所以他决定将效率（其他）的名次向后排。虽然他渴望能有更多的时间来从事自己热爱的活动，而且将来迟早要减少对工作的投入；但在未来的一年里，他还不打算对自己的优先事项进行大的调整。

史蒂芬的测试结果在表1中可以看到。

表1 史蒂芬的优先事项

	步骤1：今天 从最高等级的优先事项（1）到最低等级的优先事项（6），排列你目前每周从事的活动	步骤2：从今天起一年里 从最高等级的优先事项（1）到最低级的优先事项（6），把你希望在一年之后每周从事的活动进行排列	步骤3：不同 计算步骤1和步骤2之间的差异
安宁	5	3	2
效率（工作）	1	1	0
效率（其他）	4	5	1
热爱	3	4	1
成功	6	6	0
人际关系	2	2	0

步骤4：将步骤3中的6项得分相加

得分=4

史蒂芬的最后得分为4，这表明他现在的生活与理想的生活之间差距并不大，他的生活与优先事项是一致的。一个人的得分越高，他所需要做出的改变也越大，但得分数并没有好坏之分。

五、琼的优先事项测试

现在，轮到琼来做测试了。目前，效率是她最重要的优先事项，不管是工作还是其他事情的。琼天生是一个富有效率的人，不只是在工作上，在生活的其他方面上也是如此。不管是在家里、在工作的时候，还是和朋友在一起，她都闲不住。每天早上睁开眼，她都会觉得浑身充满能量。她冒出来的第一个念头是"今天有什么事情需要我做？今天我想做点什么？我今天能把工作清单上的哪些任务完成？"事实上，她不得不克制自己不要做那么多事。她知道自己有点"眼大肚小"。琼喜欢那种把事情做完时的感觉，至于这些事能否给她带来收入，她根本不在乎。因此，对于她而言，效率永远不可能让出第一的位置；但她知道，在进入不惑之年，把孩子们送进了大学，使他们能够经济独立之后，安宁和热爱已经变得越来越重要了。如果她想将生活的重心向这两种优先事项转移，那她就需要减少对工作之外事务的投入。

不过，她给热爱的排名也很高。虽然目前它排在第三位，但琼希望能把它排到第二位。跳舞是琼生命中最热爱的东西，这是她的信仰，不论发生什么事，她绝不会错过自己的舞蹈课。没有什么事情能比跳舞更重要，让她放弃跳舞根本是不可能的。在她年轻的时候，跳舞曾经是最重要的优先事项，不过经过这么多年的不断选择，她也找到了一些其他的重要兴趣。琼的情况与史蒂芬不同，她并不需要因为工作时间比跳舞时间长，就要把每周用于跳舞的时间加起来证明她把跳舞作为一种热爱。事实上，她非常确定跳舞这件事对她来说有多么重要。

成功的排名最低，不管是现在还是将来，都会如此。和我们大多数人一样，琼并不在意自己的收入能不能增加。在经过深刻的自我反省之后，琼承认，尽管并不讨厌金钱，但它在现在的生活和工作中，都不是一种优先事项。史蒂芬建议她是否可以把成功的排名提高一级，因为这样说不定可以省出更多的时间来跳舞，但琼不同意这个观点，她说即使她嫁给了一个百万富翁，承受了更少的压力（获得更多的安宁），她仍然会像现在一样保持效率，她忙碌的时间表也不会有什么改变。

但安宁对于她来说是个更为重要的优先事项（排在第五位）。要想获得更多的成功，她必须要更加有效率地工作，琼不确定自己是否愿意这样做，因为如此一来，她就不得不放弃一些对于安宁的追求。对于琼来说，安宁是躺在吊床上看书、在庭院里忙碌、回归大自然、听音乐或画几幅画。她也从跳舞中得到安宁——但跳舞是她的热爱，这两者之间有明显的差异。她有些追求安宁的活动与热爱相关，这使得有些优先事项会有重叠，但这并不意味着它们是一种东西。对我们来说很重要的一点是，要搞清楚哪些是你真正热爱的活动，以及你是怎么（或是怎么没有）让它们成为你生活中的优先事项的。

琼感觉到，尽管过去人际关系在她心中排第2位，但现在应该排到第三位。当然，只是把某个优先事项降级并不意味着它对你来说不再重要了。例如，琼对孩子是在全心全意地奉献着，她也热爱生命中的其他人。现在，最小的孩子也要离开她去上大学，他们不再像以前那样依赖她了。当她说要把人际关系降低名次，意思是要减少和朋友们交际的时间，这样她就有更多的时间来跳舞了，或是从事其他让她获得安宁的活动，比如读书或园艺。她已经积极地把这一想法付诸行动了：把和朋友共进午餐的时间从1个小时减少到了半个小时或45分钟，也把以前每两周吃一次饭改成每四周或五周吃一次。琼的表格——表2展示了她的结果。

表2 琼的优先事项

	步骤1：今天 从最高等级的优先事项（1）到最低等级的优先事项（6）排列你目前每周从事的活动	步骤2：从今天起一年里 从最高等级的优先事项（1）到最低级的优先事项，把你希望在一年之后每周从事的活动进行排列	步骤3：不同 计算第一步和第二步之间的差异
安宁	5	4	1
效率（工作）	1	1	0
效率（其他）	4	5	1
热爱	3	2	1
成功	6	6	0
人际关系	2	3	1

步骤4：将步骤3中的6项得分相加

得分＝4

琼的得分为4分。这个得分显示了琼希望做出怎样的改变。她的生活与她的核心价值观基本保持一致。因为她的生活本身就体现了财商的许多方面，这个结果并不出乎我们的预料。不过，尽管琼对这项测试很熟悉，在做测试的时候她仍然很挣扎，并且一点也不肯定她的答案将来会不会改变（这很有可能，因为优先事项会随着我们的生活的改变而变化）。对我们中的许多人来说，这些分数会随着年龄和生活环境的变化而变化，随着她最小的孩子上了大学，她的优先事项也可以改变了。事实上，她应该花一点时间，认真地思考一下这个问题，以便确保她的行动与现在对她而言最重要的东西保持一致。

注意到了吗？琼和史蒂芬都把成功排在了第六位：他们每个人都很热爱自己的工作，但他们并不是仅仅为了钱才做这份工作的。他们当然喜欢钱，尤其是钱可以让他们更好地去做自己喜爱的事情，但他们并不会特意地去追逐金钱。记住，富足的生活不是被金钱的欲望主宰的生活。琼和史蒂芬也认识到了，正是因为他们按照自己的优先事项生活，不断实践符合财商的态度和行为，才使他们的生活充满了满足感，这是用钱买不到的。实践符合财商的态度和行为时，你有可能会夹在理想和现实之间无所适从：如果你不能在想象中放飞你的理想，你就没有希望去实现；但同时，你又必须用现实的思维检视哪些理想有实现的可能。琼也曾经犯过错误，区分不清两种优先事项之间的界限。例如，与她的热爱相关的事情，也同样能够为她带来安宁，所以，你必须花时间去认真考虑各种可能性，确保你做出的决定真的能够贯彻到你的生活中去，这是非常重要的。或者，就像琼和史蒂芬一起做测试一样，也请一个熟悉你的朋友协助你完成测试，这个人一定能指出你忘记了或没有想到的东西。

一定要给自己一些时间和空间，认真地完成这项测试，问自己下面几个问题：

- 我的日常生活在多大程度上反映了这个优先事项？
- 我应该做出哪些方面的改变，以便在生活中更好地实践这个优先事项呢？

六、评估自己

现在，你已经做好准备，接受优先事项的测试了吧。认真想一想你现在的生活，而不是1年前、5年前、10年前或20年前的生活。一定要尽你所能地坦诚面对你目前的优先事项，还有你希望一年之后的优先事项。

如果你现在的生活和你所希望的一年之后的生活比起来没有多少差别，说明你的生活与你的优先事项之间的一致程度越高。请记住，要尽可能地客观，这个测试的目的并不是为了要评判什么。如果条件允许，请一个熟悉你并且敢客观评价你的人帮你完成这个测试。你也可以请一个亲密的朋友或是你的另一半按照他们对你的认识，来排列你目前的优先事项，以及他们觉得一年后你希望这些事项怎么排列。然后，把你们的答案做下比较，参考两种答案，重新安排你的优先事项，作为最终的结果。

做测试时非常重要的一点，是要将现实和理想区分开来。也就是说，你要考虑清楚哪些事情是你实际能够做到的和想去做的，哪些事情是在理想的条件下才有可能做到的。记住，如果你发现你的规划太过野心勃勃，有点不切实际，或太小心谨慎，或你意识到自己根本不想做出什么改变，你随时都可以回过头来修改你的排序。你可以从理想出发，但最终，你必须回归现实。

此外，你还要记住，我们所讨论的是你的基准线，也就是你平均每周所经历的事情。当然，要是生活中出现了意外，比如疾病，完成义务或其他工作生活上的危机时，我们也要为之花上一些时间。

需要你记住的最后也是最重要的一点，是一种活动可能看起来可以划入几个优先事项。如果你遇到了重叠的优先事项，你只需要找出最重要的那一个就行。例如，史蒂芬的效率（工作）让他感到快乐，可能会有人说，它也让他感到安宁和充满热情，但他的工作并不能归类于安宁和热爱，而是属于效率。事实上，安宁对他来说，意味着徒步远足、冥想，热爱对他来说，意味着去剧院欣赏戏剧、学习新东西和玩吉他。生活中鲜少有什么活动或是经验的性质是单一的，可能有许多对你非常重要的事情就是相互重叠的。你应该小心地去辨认这个活动在你的生活中所发挥的主要功能是什么。

七、关于优先事项与社会压力

一定要谨慎排列你的优先事项，确保你之所以把某些事情列为优先事项，完全是出于内心的渴望，而不是出于别人对你的期待。例如，当女性给人际关系这一优先事项排位时，常常会面临一种挑战。大部分的女性，都在某种程度上被自己拥有的大量的人际关系压得喘不过气来

（与之相反，男性通常渴望自己能建立更多的人际关系）。女性通常热衷于迎合别人的需要，结果反而忽视了自己。如果你身上存在这种现象，这项测试可以帮助你开阔眼界，认识不一样的自己。如果你是一个关心他人的女性（基本所有女性都是如此），花上一段时间来思考一下社会期望对你有什么影响；这些社会期待是在以哪些方式阻止你实现你的热爱、安宁、效率（工作）或成功。

女性也会倾向于承担许多额外的家务责任，尽管这些事情只是些小事，但累积起来也相当惊人。所以，如果你是一名女性，要按照时间标准排列优先事项，可能最后的结果完全是对真实情况的曲解。即使一个全职工作的女性，也同样承受着擦厨房地板的期待。数据显示，女性用来处理家庭事务的时间所占全部时间的比重，要比男性大得多，不管她是否有全职工作。因此，事实上效率是人们对她的一种期待，诸如打扫房间。她按照这种期待生活，当然效率的排名比她希望的要高得多。

或者一个属于"夹心三明治一代"的女性，上有老，下有小，全要由她来照顾。她当然觉得效率（其他）根本没有商量的余地，因为必须有人来做这些照料的事情，如果她不做，那又有谁会来做呢？

不但女性面临着社会期待的挑战，男性也是如此。比如一个供职于房地产公司的男性，有一种埋藏在心中的渴望强拖着他的灵魂——成为一名雕刻家、一名作家或是一个家具设计师，但由于受到了社会期待的压力，他不得不把这种渴望一再压抑并试图忘记，或是否认它的重要性。结果，他会陷入一种深深的悲哀之中，认为生活已经和他擦身而过了。

现在，是时候大声地说出你真实的渴望了，请你不带任何评价地去认识它们。你一定要问自己："我之所以把这个列为优先事项，是因为其他人期望如此，还是因为我内心真的希望如此呢？"总而言之，你是否厌倦了照顾别人，或是厌倦了工作？虽然它们支持了你的家庭，却仍然使你感到空虚。如果是这样，即使你还没做好准备与别人分享这个信息，请诚实地面对自己，或是行动起来去寻找你想要的东西。

八、财商和你的婚姻

如果你已经结婚了，或有了稳定的恋爱关系，你就不再生活在真空中了。你的配偶或伴侣的财商，以及关于消费、储蓄、捐赠的习惯都会对你有所影响，反之亦然。

就富足而言，人们和自己的伴侣有许多种相互吸引的方式。通常，吸引我们的人，会拥有和我们相似的财商水平，因为当我们和那些对财富有着与我们相同理解的人走在一起时，会感到更舒服。这种婚姻或伴侣关系上的同一性，会创造出一种安全感。对于消费、储蓄、捐赠拥有相同的信念，会使一对夫妻或恋人感觉他们的价值观和目标是一致的。然而，他们也可能会拥有同样的财商缺陷。这种关系很可能会陷入某个特定的消费或储蓄模式之中，双方都觉得这种模式很正常，但实际上却不正常。处于这种关系中的人很难获得平衡感，因为没有人能提出相反的或其他可供选择的观点。例如，比起对财富有着一致看法的夫妻，一个喜欢省钱的人和一个喜欢花钱的人结合在一起，就更容易从彼此对财商的理解中获得一些新的看法。

与之相对的是，看法相反的人也可能会结成婚姻关系，因为"异性相吸"，不管是在爱情上还是在金钱上都是如此。有时，金钱常被视作是一种迷人的特质，有许多人会出于财务上的考虑，和另一个人结成很紧密的关系。在传统的婚姻中，最佳的结合例子便是，男性提供经济支撑，女性管理家务和抚养孩子。不过，也会有男人因为一个女人富有而爱上她。情侣中较为富有或成功的一方，会很愿意享受伴侣的尊敬，并会感觉到更加自信和更受关爱。

对某些夫妻来说，这种模式是有益的。只要他们能就某种预算和生活方式达成一致，都能够接受并且尊重彼此的不同意见，他们就能为婚姻关系打下坚实的基础。

但对另一些夫妻来说，异性相吸的定律根本行不通。比如，想象一段这样的关系，其中一方较为挥霍，而另一方较为节俭。挥霍的一方可能因为节俭的一方对他的评价和想要控制他而感到不满；而节俭的一方可能最终会觉得自己不受尊重而失去了耐心，认为自己竟然和一个不成熟的、花钱很冲动的人走到了一起。除非这种冲突得到有效地解决，不然的话，这些处理财务问题的方式差异，很可能会毁掉一段在其他方面都很良好的关系。

因为对于一段关系来说，双方对于富足的态度会产生很重要的影响，所以，如果你能和你的伴侣一起来参加这个测试，那是再好不过了，然后把你们的结果做一个比较。有了双方对彼此情况的了解，你们就更有可能建立起共有的价值观和行动计划。

现在，是时候来填写你自己的优先事项表格了。

表3　你的优先事项

	步骤1：今天从最高等级的优先事项（1）到最低等级的优先事项（6），排列你目前每周从事的活动	步骤2：从今天起一年里从最高等级的优先事项（1）到最低级的优先事项（6），把你希望在一年之后每周从事的活动进行排列	步骤3：不同计算步骤1和步骤2之间的差异
安宁			
效率（工作）			
效率（其他）			
热爱			
成功			
人际关系			

步骤4：将步骤3中的6项得分相加

得分＝

为你的优先事项打分（按照下列标准换算你的得分）

0~2　　40分

3~5　　35分

6~8　　30分

9~11　　25分

12~13　　20分

测试A部分的总得分：＿＿＿＿＿＿＿＿

AFFLUENCE
INTELLIGENCE

第4章
富足的人们这样想、这样做

Earn More, Worry Less,

and Live a Happy and Balanced Life

作为金钱及其意义方面的咨询顾问，我们在工作中一次又一次地看到了缺少财商的人和拥有财商的人之间的行为，真是有着天壤之别。后者不仅拥有正确的态度，同时也掌握了关键的行为技巧，让他们在通往富足的旅程中获得了源源不绝的前进动力。和我们大多数人一样，富足的人也并非完人，但他们懂得运用正确的态度和行为技巧获得经济保障和幸福的生活。

一、行为

可能你对下列的许多行为已经非常熟悉了，但为了开启财商，你需要在这些行为上做得更好，并要在生活中更充分地去实践。

‖（一）心理韧性‖

拥有财商的人都有很好的心理韧性。每个人都会犯错误，都经历过挫折，但在事情不顺的时候，富足的人的反应和别人不同。有片刻的沮丧当然是不可避免的，但他们能很快振作起来，绝不会轻易放弃。就像一名棒球运动员，他可能被三振出局过上千次，但他还是会继续击打，最终击出一记全垒打。在宾夕法尼亚大学的一次调查[1]中发现，对于成功和幸福来说，心理韧性是一种关键的因素，不论是养育孩子、学习、工作，或是比赛，都是如此。

第2章中提到的莎琳，就是一个战胜困境的绝佳例子。如果换作别人置身于她那糟糕的背景，他们或许会说："我的生活实在是太可怕了。我是被虐待的儿童，我是家庭暴力的受害者。我可以理直气壮地说放弃。"但莎琳却从自己身上挖掘到了一个永不枯竭的能量之源，并获得了不断前进的动力。生命的柠檬是酸涩的，但却可以榨出酸甜的柠檬汁。莎琳懂得这个道理，也找到了从她自己不幸中涅槃重生的方法。

她的方法，并不是逃避自己的感觉。当事情进展不顺利时，和我们大多数人一样，她也会生气、伤心，或是沮丧。她也不喜欢挫折，但她不会让它毁灭自己。例如，虽然在减肥手术的帮助下，她甩掉了许多赘肉，但她还得努力，防止反弹。不管多么努力，她还是要忍受别人负面的评价。（不只是别人，有时候她也能听到内心有个声音在说："我应该再减30磅才对。"）此外，她还面临着一系列严重的健康问题。这些问题一再伤害她的身体机能，有时甚至会威胁她的生命。她厌倦这样的生活吗？当然。但她并没有摇白旗投降，而是高昂着头继续自己的人生。

我们那些拥有财商的客户都拥有一种特殊的心理韧性，他们能非常有效地处理冲突。面对任何挫折，他们都能很快地做出改变与之回应。在磨难和错误面前，他们不会踌躇不前浪费时间，或是走太多弯路，而是把这当作一次学习的机会，正像一位客户最近对我们说的："我从不迷信我的任何一种特质。"她的意思是她的心态是开放的，她随时愿

---

① www.authentichappiness.sas.upenn.edu/Default.aspx

意改变她的态度和观点，只要这种改变是合理的。她也不觉得有必要固守一种行为模式和思考方式，只要她能发现更好的选择。拥有财商的人不役于时，他们把困境看作一种挑战，并将之转化为一种学习的经历。在和这些人交谈的过程中，我们发现构成心理韧性的三种关键行为，它们是：

1.该放手时就放手

有位客户告诉我们："如果我想把事情干成，就算前面有墙也挡不住我。"不过他也明白，如果有些东西不能强求，就要尽早放弃。一个人有没有能力看清自己究竟是在徒劳无益地用头撞墙，还是在一点一点地把墙推倒，这是非常重要的。富足的人知道除了坚持，他们还有另一种选择——放弃，而且有时候这就是最好的选择。他们可以坦然地接受在全力以赴之后仍然被拒绝和失败的结果；不过，要是世界向他们发出警告，要求他们放弃，他们也绝不会做无谓的坚持。

我们在客户身上活生生地看到了这种转变。史蒂芬解释说："我仿佛看到了他们的大脑是怎么完成转变的。他们停下来，他们思考，然后他们振作起精神说：'好吧，这行不通，我要放弃这个（行为或情况）。'他们在做出这种决定的时候，并不是没有丝毫的挣扎，或者没有痛苦和失望的感觉，但他们告诉我们：'我不想像个受害者一样自怨自艾，而且我讨厌被困住的，那种无能为力的感觉。我知道我现在被困住了，但我有逃脱出去的钥匙。'我们确实看到了他们使用自己的钥匙，一次又一次地从阻挡他们的困境中逃脱了出来。"

如果你发现自己正在的事情是不可行的、无益的，那么放弃或者摆脱就是最明智的选择，这和一旦事情进展不顺利就简单地放弃或是退出，是两个截然不同的概念，前者是积极的，而后者则是消极的。

让我们来看这个例子：巴克利是一个房地产投资商。他所热衷的项目，在正式动工前，通常都有一个很长的初期开发阶段。在这个阶段，巴克利会将建筑师、工程师、社团、监管部门和其他投资商的努力整合在一起。他会投入大量的精力，保持积极的态度，带领团队克服障碍；但由于涉及种种复杂的因素，有的项目就会在开工之前流产。巴克利会尽力地去补救，直到他觉得"该是让它结束的时候了"。然后，他会把这个夭折的项目抛到脑后，掸掸身上的尘土，很快转向下一个机会。他很清楚，自己和其他人的努力，并不足以保证他们每次都能成功——一定数量的失败也是他所选择的商业冒险中不可或缺的一部分。巴克利做出放弃的决定是明智的，这样，起码他还掌握着对整个过程的控制权。

　　这和那种在放手之后却把这看作是自己的失败，或是被无休止的、毫无意义的悔恨和懊恼包围的体验是不同的。有的人甚至明明知道某件事毫无希望了，却仍然拒绝放弃。这让我们记起了一位想要在购物商城里建立连锁牙医诊所的牙医。他召集了其他几位牙医作为合伙人，在他们所在州的几个商场中开设了几家连锁店，取名为"波克斯牙医诊所"。头一年，他们的生意看起来还不错，但当他们试图扩张的时候，却遇到了资金上的难题。同时，一家较大的企业也开展了一项类似的业务，而且投放了大量的电视广告，这可是他们负担不起的。有一个合伙人放弃了，但我们的那位客户却不准备放弃，他抵押了房子（相当于他一半的退休储蓄）来支撑自己的生意；但到了第二年，公司的收益开始下滑。他比以前单独开业的时候要辛苦两倍，但赚到的钱却差不多。其他的合伙人认为应该卖掉公司，但我们的客户拒绝了。他坚信，"这只是时间问题……我们要么被一家更大的公司收购，要么可以通过自己的努力让它走上正轨。"是的，他对自己诊所的服务质量很有信心，这很好；但糟糕的是，他没有看到他的自负把他带到了怎样危险的境地。当他想拿基奥计划的储蓄作抵押来贷款时，这就意味着他把自己剩余的积蓄也搭上了；他的妻子受不了了，最终离他而去，他这才幡然悔悟。

2."走出来"的能力

在过去的几十年里，社会上那些对于寻求心理帮助的偏见已经渐渐消失了。这是个很棒的现象。不幸的是，另一些我们不愿看到的情况也随之出现了：许多一直接受心理咨询和心理治疗的人陷入了这样一种陷阱，他们不用学到的东西来治愈自己和让生活走上正轨。他们在"到底是什么出了问题"上纠缠不清，却忘了迈出下一步——做出改变。心理学家把这个超越问题、采取行动的过程称为"修通"，或者说是将你所了解到的东西（心理认知）与采取行动结合起来：采取能为你的自我认知和行为带来改变的积极措施，并承担起相应的风险。如果一个人想要解决他或她的问题，不管是毒瘾、童年时受过的虐待或是肥胖，仅仅懂得了引发问题的根源是不够的，他还应该对这个问题达到一定程度的认可，并让自己的生活继续向前走。

正如我们一次次从客户生活中看到的，勇往直前意味着停止在矛盾心理上没完没了地打转，知道自己什么时候算是把苦头吃够了，对问题的了解就足够了，是时候让负罪感消失了。勇往直前意味着让自己康复，不让问题纠缠自己一生。这并不是说一个人在面对复杂感情的问题时，不应该有任何情绪上的反应，而是说他不能一直沉迷在对这个问题的反思之中，而应该吸取经验和教训，然后为生活制订新的路线。就像史蒂芬喜欢说的那样："数据准备好了，我们已经对这个问题了解得够多了。现在是把我们从新的生活经历中学到的东西用起来的时候了。"例如，一个男人在寻找合适的结婚对象时一再受挫——他明白这和自己以前总感觉被母亲控制了有关，这可能会导致他相信自己注定要做个"可怜没人爱"的剩男，再也不敢对任何女性做出婚姻的承诺。不过，要是他遵照心理韧性原则的指导，他就可以利用对自身和处理男女关系方法的了解，来改变他和女性交往的方式，他就能和伴侣建立起亲密的关系，而不是简单地一再重复过去的失败。

3.愿意从错误中学习

我们的客户丹尼斯受到了一种焦虑的折磨，这给他的工作带来了不少麻烦，于是他向我们求助，希望能减轻这种焦虑。和他交流过后，我们发现他偶尔有饮酒过量的情况。喝酒后的第二天，他就会有想吐或者晕倒的感觉，而且会非常焦虑。他很担心自己的健康，也很担心喝完酒后的一两天里自己的感觉太糟糕。我们要求他去看医生，排除他患有某种疾病的可能。以后，虽然他还是喜欢喝酒，不过他下定决心不管在什么场合都尽量少喝一点，他也确实做到了。丹尼斯并没有急着替自己辩护，或是否认问题的存在；他认识到自己正在犯一个错误，他愿意从中吸取教训，并做出相应的改变。

愿意从错误中学习，说明你把学习作为了一种核心价值观。这意味着你要承认自己存在一个严重的问题，或是承认你做出了一个无效的决定。比起替自己辩解或是保全面子，拥有财商的人更看重学习和改正错误的过程。那位建筑师大卫，他知道自己选择的道路并不适合自己，也并没有从中学到什么有用的教训，反而陷入了自怨自艾之中。他不停地哀叹自己是多么困惑，抱怨他以前的决定现在看来是多么的不适合自己。

▌（二）自信▌

开启了财商的人知道自己想要什么，会大声地说出自己的需要，会去勇敢地追求自己想要的。他们直截了当地、不卑不亢地说出自己的要求，礼貌但又坚定地维护自己的权利，就算他们预料到别人可能会拒绝自己，也是如此。他们明白，要想得到自己想要的东西，就必须清楚准确地把自己的要求传达给别人。

自信的核心含义，是对自己应得的权利有正确的认知——拥有足够的自尊，认为自己值得受到别人良好的对待。不论是在餐厅里因为一份牛排太生而把它退回去，或是在旅店里坚持按照之前允诺的折扣付费，都说明一个人对于别人应该如何对待你（同样也包括你如何对待别人）有一个合理、健康的期待。而那些对自身权利的认知有误区的人，常常会用咄咄逼人的方式维护自己的权利，这和自信完全是两回事，过分和自私的行为绝不是财商的一部分。

要想做到自信，从来不是件容易的事。有位客户告诉我们："我得到了一个到海外工作的不错机会，但这需要我和妻子到国外生活一年，我不想错过这个机会。不过，我必须鼓起全部的勇气，才能把我的想法告诉我的妻子，因为我知道这个过程不会很顺利。而且我很担心这会伤害我们的关系。"但他做到了，他坦诚地对妻子说："我正在认真地考虑去海外生活一年，想和你谈谈我的想法。我想要过得快乐一点，我希望你能明白。我想要的和你认为我想要的是不一样的，我必须要告诉你，让我们一起来解决这个问题吧。"他清楚而自信地说明了他想要什么及其理由。出乎他意料的是，妻子最后同意了他的要求。他申明了自己的意见，但也告诉妻子，他尊重她的不同意见，他的根本目的是想做出一个能改善他们婚姻的决定，而绝不是为了引发无休止的争斗。

当你选择了和别人不一样的立场，他或她可能会感到不满，甚至会攻击你，但不要因此就放弃了你的立场。你得明白，要是你提出某个要求，最糟糕的结果也不过是被拒绝而已。只要你提出来，你的要求就有被满足的机会；要是你不提出来，就绝无被满足的可能。正如琼所说的："所谓的自信，就是懂得如何礼貌地维护你的权益，如何用别人乐于倾听的方式说出你的要求和需要。"

要想变得自信起来，需要不断地练习，特别是在和爱情、独立和性有关的事情上，要想自信地表达自己的立场，面临的挑战尤其严峻。不过，要是你开启了自己的财商，你就能更加坚定自信地处理这些问题，你所获得的回报也会非常可观。自信是一种思考和行为方式，它可以让一个人做到既坚持自己的权利，又不对他人的权利构成侵犯。当你变得更加自信时，你不仅能表达出自己的权利，还可以让你和他人的交流变得更加诚实和开放，无论对谁来说，都是大有好处的。

▌（三）人际效能▌

不论是在家里还是在职场上，对于你和他人的互动来说，人际效能就意味着成功。拥有人际效能，不仅可以让你读懂其他人的情感，而且可以让你正确表达自己的情感。你可以建立并维护好自己的人际关系网，同人们保持良好的私人关系，并且懂得关心别人。高人一等的情商（丹尼尔·高尔曼的著名作品《情商》中对此有广为人知的定义）让富足的人的人际交往变得更有成效。

工作中的人际效能，指的是和你的大学同学建立起紧密的互助关系，并且有所作为；而在家里，人际效能指的是维持一段幸福的婚姻关系，或是和你的孩子和朋友保持亲密的关系。拥有财商的人很重视团队的力量，并且懂得如何驾驭这种力量来达到自己的目标以及他们和其他人共有的目标。目标专一、意志坚定的个人当然也能获得成功，但一个能和其他人建立良好关系的人，则更有可能取得事半功倍的效果。

在传统的观念中，企业家一般是喜欢单打独斗、以自我为中心的人。然而，我们的大多数客户一般都是非常优秀的团队组建者、团队领导者和团队成员。他们在一个团队中不止扮演一个角色，而是全部的角色。当你获得了人际效能，你的情商、社会诚信和社会效能都会开动100%的马力，带动你向前飞奔。在我们看来，一个理想的、引人注目的领袖是能够和别人进行有效的沟通，能把人们团结起来完成共同目标的人。不管是在硅谷的新兴公司、零售企业，还是传统的大型公司里，我们都见过这样的人。但在一些不起眼的但同样重要的事情中，比如养育孩子和发展人际关系上，我们也见过这样的人。对于拥有财商的人来说，人际效能便是转化为行动的情商。他们不断地努力改善个人的和工作中的人际关系，以便追求更好的结果。

┃（四）努力工作和实现目标的能力 ┃

当开启了财商的人全身心地投入到自己想做的事情中时，他们心里通常都有一个目标，希望能获得一定的经济回报，但无论这个目标最后能否实现，过程本身对他们来说已经是一种享受了。他们并不在意一时的得失，他们在意的是自己整个的人生目标能否实现。

例如，艾米的目标是接触和了解最前沿的思想和文化，与那些商业和文化圈中的显要人物交往。她需要钱，因为有了钱才能参加那些思想领袖的聚会，但钱只是工具，而不是目的。她的个性、能量和对生活的热爱同样也是工具，她可以使用它们来实现目标、赚钱，同时尽情地享受生活。

要说在口头上或纸上谋划自己怎么实现一个目标，人人都是一把好手。但是富足的人从来不局限于纸上谈兵，他们会采取实际行动，坚定不移地执行制订的计划。作为专业人士，只要听听一个人是怎么谈论自己如何达成目标的，我们就能立刻判断出他是一位拥有财商的人，还是只是一个空想家。比如有人说自己正在计划减肥，你可以这样来判断他的承诺是否可信，喜欢空谈的人会说："我真应该再减掉20磅。不过天啊，我实在太喜欢巧克力蛋糕了。"而拥有财商的人则会说："到年底之前我必须再减掉20磅，我已经把所有垃圾食品都扔掉了，而且雇到了一个私人教练。"

真正富足的人都会努力工作，坚守他们的承诺。就算已经富可敌国，他们也会为了某个目标非常努力地工作。当然，这个目标已经不再是金钱了。努力工作不一定能让你富有（许多低收入者就是如此），但不努力工作，你绝不会变得富有。对于实现一个目标，做好计划和投入必要的时间都是不可或缺的。

缺少财商的人接受不了努力工作是达到富足的关键这个观点。在他们看来，有钱人都是"走了运的"。我们的客户都很坦率地承认自己确实幸运，但幸运并不是一个人过得富足的充分必要条件。还记得霍华德吗？那个成功的电器零售商，他在办公室里投入了很多时间，但更多的时间他是在为社区做贡献，后者用间接的方式推销和支持了他的生意。他喜欢这些活动，也很清楚这些活动对于维护和增加财富具有的重要性。

坚持

拥有财商的人在设定了一个目标，并且评估过风险之后，就会头也不回地走下去，直到期待的结果出现。即使别人都放弃了，他们还在坚持。他们就是有这种不达目的誓不罢休的精神。

比如，一个推销员可能在拨打了90个被拒绝的电话之后，拨通第91个电话才会有人接受他的推销。但他会一直拨打，直到他的推销被接受为止。他知道，如果在被拒绝了几次之后就放弃，那就永远别想成功。面对困难，他甘愿付出艰苦的努力，坚持到底。不管做出什么承诺（比如学习烹饪），他都会去遵守。他说了要做什么，就会真正地去做。

琼的母亲就是这样的人。在被确诊患了癌症之后，她没有崩溃和放弃。她把癌症看作是自己生活的一部分，但并不准备让它成为生活的全部，也不打算让生活就此止步。她不会错过化疗，也同样不会错过冲浪。最终，她挺了过来。

人生总会有起有落，但磨难或挑战是用来战胜和克服的，而不是用来跪倒屈服的。拥有财商的人预料旅途中肯定少不了挫折，但挫折不是他们中断旅程的理由。（这和愚蠢地不知道自己什么时候应该放弃，完全是出于顽固的一再坚持，不懂得倾听现实向他们发送的信号，或异想天开地寄希望于某人的个性会发生彻底的改变不同，这种错误的坚持，会把你带到错误的道路上。）在中国，有一本既被视作神谕又富有现实意义的古老经典《易经》，书中记载着一条我们最推崇的原则——利贞，这也是每个富足的人所遵循的宗旨。

二、态度

态度是我们对于自己、他人和生活情境积极或消极的感觉、信仰和偏好。

‖（一）乐观‖

拥有财商的人通常都认定自己会成功。他们相信，无论面对什么情况，他们都能得到最好的结果。我们见到过许多因为婚姻失败或企业面临倒闭而心烦意乱，却始终坚信一切都会好起来的客户。总而言之，他们认为生活从本质上来说是美好的。他们也相信，比起悲观的态度，乐观的态度能够更好地为他们指引方向，提供给他们一个更好的结局。

如果你天生是一个乐观的人，当然最好不过了。如果不是，也不用绝望。富足的人也不是一醒过来内心就快乐无比，或是每天都保持乐观的。但他们告诉我们，他们宁愿去思考事物积极的一面，尽量少去做最坏的打算。乐观的态度是可以通过学习获得的；不过，我们要提醒你，不要掉进过度乐观的陷阱。当乐观和心理学家称之为"现实验证"的方法结合起来——也就是说，你有了将现实和幻想区分开来的能力时，它就可以帮助你开启财商。如果一个人的乐观带有太多幻想的成分，它就不可能产生具体的、积极的结果。世界上有一种看似很乐观的人，他们永远都戴着玫瑰色（译者注：过于乐观的）的眼镜看世界，却什么事也做不成。

有这样一种人，他们拥有一种令人惊叹的能力，这种能力能够让他们在理想与现实之间调和出一个最佳的方案。这个方案既不会过于理想化，也不会过于实际。蒂莫西是一位成功的风险投资商，他有一种广为人知的才能，可以预知什么时候应该进入市场，什么时候应该退出市场。我们还记得坐在他位于康涅狄格州格林尼治漂亮的家里，欣赏院子里色彩的变幻时，蒂莫西正和我们谈论一个来自阿姆斯特丹的商业机会。史蒂芬问他："你怎么知道这件事会成功呢？你在承受这种风险方面是一个专家，能告诉我们你的秘诀吗？"

蒂莫西向前倾了下身子，说："是这样的，每个人都注意到了我取得过的一两次大的成功，却没人注意到我也做出过成打的错误选择。我在做分析工作时非常谨慎，我有最好的助手。我的乐观可以让我发现某个机会中蕴含着最好的可能，我允许顾问们提出反对的意见，我们会回顾所有的细节，进行激烈的辩论，但并不急于做出决定。第二天早上醒来时，我会看看自己对于这项交易有什么感觉，然后再做最后的决定。我知道，经过许多年的考验，我的打击率（译者注：棒球用语，评量打击手成绩的重要指标）已经足够让我留在这个游戏里了。我也确实很幸运，看看这个地方，我已经过上了优越的生活，我也心怀感激。但这个游戏，不是为那些不能用积极的心态面对困境的人准备的。"

出乎我们意料的是，蒂莫西并不希望他的孩子从事他现在的工作。他解释说要想取得经济上的成功，做一名私募股权风险投资商是一条相当艰苦的路。但他又告诉我们："不管是输还是赢，我是真心喜欢玩这个游戏。"

乐观的人始终都是满怀希望，相信事情会有一个积极的结果，即使事情的发展偏离了计划。有时候，生活会阻止我们的计划顺利实施。我们不可能控制住所有作用于我们的外界力量，但我们可以决定自己如何根据事情的结果去调整和成长。

40岁的斯坦丢掉了他已经做了超过20年的工作（他做得很好），在被解雇之前，他一直觉得自己很重要不至于被裁掉。但当公司被迫缩减规模的时候，他被辞退了。他有妻子，还有一个孩子，但只有少量的存款。头一个月，斯坦是在震惊、受伤和气氛中度过的。他花了几个月的时间来找一份相似的工作，却毫无收获。他吓坏了，越来越沮丧。在向我们求助的时候，他很快明白了，不能让丢掉上份工作产生的愤怒阻止自己开始新的生活。走出沮丧和失望之后，斯坦重新找回了自己的乐观和对未来的希望。他意识到，摆在自己面前的困难，主要是在他所从事的行业中，全国的公司都在收缩规模。于是，他有了一个新的计划：不再寻找固定的工作，而是去找一些独立承包合同，因为外包渐渐成为这个行业的新常态了。这个计划成功了。斯坦得到了两份承包合同，两年之后，他手底下已经有了两个承包商为他工作了。在接下来的5年，他的生意得到了足够的扩张，收入也比之前的工作多多了。

勇于冒险

甘冒风险的人从不担心失败；相反，他们只专注于成功的可能。我们成功的客户（比如推销员）会说："好吧，我是失败过几次。"他们从不让这些事往心里去，也绝不会让这些事成为自己的绊脚石。他们从不把自己看作是受害者，而是从失败中去学习，然后继续向前。许多人都会担心失败，或担心蒙受羞耻，或丢面子，以致自己阻止了自己去承担合理的风险——经过认真权衡和评估过的风险，与盲目的赌博是不同的。当你开启了财商，你就会承认承担适当的风险也是生活中少不了的经历。

冒险并不一定都有好的结果，拥有财商的人理解这一点，因此他们不会因为自己的冒险没能得到回报而动摇。他们会从失败中总结教训，并利用这些教训为下一次冒险做好准备。我们的客户中那些成功的企业家，他们对于冒险的需要，几乎和我们大多数人对于安全感的需求一样。他们会寻找一切机会施展自己的才能来评估风险和采取行动，却从不考虑有没有物质上的回报。他们热爱从实践中发现真知，这些积累起巨额财富的人喜欢用自己经历过的适当的冒险搭建成一座阶梯，其中的每一个梯级都是由从之前的冒险中学习到东西制成的。通过保持对现实的清醒认识，并且拥有前进的勇气，再加上适度的幻想，他们能很快建立起自己的事业，而此时其他人可能还在犹豫是否应该冒这次险呢。

布莱恩是一家五金商店的经理，这家店已经由他的祖辈经营了很多年。他突发奇想地琢磨，或许人们到他店里购物的方式，可以和到大一些的药房购物一样：他们来这里打算买一样东西，结果却带着很多样东西走出去。这家五金店拥有典型的五金商店的外观和感觉，布莱恩觉得可以把它改造得更好。所以他决定冒一次险：他借了一笔很大的贷款，来实施他的新理念——建造一个拥有大药房的装潢和感觉的五金店，出售一些只能在大的超市里才能找到的器械和装备。他的冒险得到了回报，只用了一年时间，店里卖出去的非五金类的商品就和五金商品一样多了。3年后，非五金类商品的销售占到了营业额的70%。布莱恩很高兴，不过并不满足，他知道如果不能尽快扩张，就会有大型零售企业进入这个领域抢走他的市场了。于是，他又申请了一笔巨额的贷款（抵押品是他现在的企业，而不是他个人的资产），冒着风险一次开了3家店。7年之后，他所掌管的，已经是多家这样的店面了，他也开始准备自己的退休计划了。

有时候，拥有财商的人在强烈的冒险精神驱使下，甚至会有些不顾后果。正如皮特告诉我们的："作为一个顽固的企业家，我有时并不觉得自己是在冒险。这就像我做了些研究，感觉成功的机会比人们定义为风险的东西要更有吸引力。我冒过的最大的风险是收购了一家知名的、成功的电影公司。我当时太年轻，也缺少经验，不能完全理解自己在做什么，我也不知道涉及的风险有多大，以及我背负的债务的意义。就我现在所了解到的东西，从理智来讲，这件事的风险确实太高了一点，我当时真的很幸运。不过，如果再选择一次，我想我还是会那么做。"

（二）好奇心和开放的心态

和我们工作过的财商较高的人，都对世界抱有很强的好奇心，而且他们把这种好奇作为一种寻找解决问题方法的手段。而那些没能完全开启财商的人或许对自己也很好奇，但这种好奇心并不强烈，也不会把自己学到的东西付诸行动。对于好奇心来说，采取行动的能力是关键的。

好奇心本身就是一种魅力的源泉，它可以让你在别人眼中变得兴奋、有趣和迷人。举个例子来看，罗恩对于可替代能源产生了浓厚的兴趣。虽然他对这个领域知之甚少，但他相信他未来可以从中创造可观的经济收益。所以他便和那些安装太阳能电池板的人、风力涡轮机工程师、评估可替代能源公司的商人，以及当地公用设备公司的人谈论自己的设想。他想听听其他人的看法、专业意见和经验。他的态度打开了一扇又一扇门，最终吸引到了他想要的投资。就像他告诉我们的，这是一种全新的、令人激动的可替代性能源。通过和他人积极的交流，罗恩展示出了他是真心对他们所做的和所想的事情感兴趣。毫无疑问，每个人都希望得到这种关注。罗恩并不是把这作为一种推销策略，他是真心好奇，他对自己要做的事充满好奇，也同样对别人所做的事充满好奇。

好奇，再加上你对交谈对象真诚的尊重，就会展现你的求知欲。正如琼所说的，我们的客户都希望能听到别人睿智的见解。每个人都有向别人倾诉的欲望，也都有表达的欲望。通过展示你充满尊重的，而不是充满侵略性的好奇心，与你交流的对象便会被邀请加入了这样一种关系——分享信息，甚至可能成为你的合伙人或团队成员，这种方法会帮你打开机会的大门，拓展你的社交网络。大多数人对于诚恳的好奇心都会报以积极的回应，而不会觉得有自卫的必要和感觉到有竞争的意味，或是想结束对话。反而，他们自己也感到有趣和好奇，并作出积极的回应。

富足的人都拥有开放的心态，他们起初可能会拒绝某个新的想法（像我们都会做的），但最终他们会说："噢，这是一个新的东西。或许我应该考虑一下。"他们对于改善自己的兴趣，要远远超过对被指责、改变以及担心制造错误的恐惧。他们绝不会把一种新的想法，视作对自己已知的或正在做的事情的一种挑战。他们渴望学习，他们希望能看到更多的可能性。他们永远都在为新的机遇张开双臂。

对于大脑的运作和发展的认识的进步，揭示了人类具有这样的能力。随着年龄增长，一个灵活的、能够接受新思想的（神经可塑性）大脑可以做到良好的适应和运转。拥有财商的人大脑都具有可塑性，我们也同样如此，但他们相信自己有做出改变的能力，并且会运用这种能力来推动自己不断前进，这意味着他们随时都愿意尝试新鲜事物，或从不同的角度来看待问题，他们可以提高自己的神经可塑性。我们发现了一个令人兴奋的冲突：大脑可以通过对新的经验进行回应而不断成长和改变，这意味着不论是在人生的任何阶段，我们都能够改变和进步。

一项新的开创性研究表明，人类的大脑能够不断产生全新的脑细胞，即使是处在70岁或更高的年纪时仍然可以。因此，对于培养你的神经可塑性和大脑的成长来说，这句古老的话——"用进废退"是非常重要的，丢失的技术可以重新学会，能力的衰退可以延缓甚至逆转，全新的功能也有获得的可能。

通过不断实践新的思想和行动，你的大脑上那些反映以前的认知模式的"沟"就可以被改变。科学家的研究证明了一些我们一再从那些非常成功的客户人生中看到的事，不管他们的年纪大小，他们都可以改变大脑的机能。随着你的心态变得更加开放，你的神经可塑性会变得更强，你就能开启自己的财商。这需要一点努力，但确实能够成为现实。

有许多方法可以锻炼这种能力，为你的大脑重新铺设线路，使你的心态更加开放。我们有许多富有的客户，在他们70多岁和80岁出头的时候，仍然坚持参加各种聚会和活动。他们喜欢接受新的刺激，保持自己（以及大脑）的活力，特别是学习他们并不了解的东西。这种好奇心和开放心态是开启财商的重要因素。在一个为非常富有的家庭举行的聚会上（参加的人都至少拥有上亿美元的可投资资产），琼和史蒂芬做了一次关于金钱和控制的心理学演讲。演讲结束后，一位近85岁的先生走到史蒂芬面前，说："非常感谢，我之前确实不太了解我的钱会使孙儿们感觉被我控制，甚至怀疑我的动机。我以前犯了一些错误，我希望能做出改变。我抄了几页笔记，等回家以后我还会再认真温习的。"史蒂芬被他真诚的好奇心和开放的心态震撼了。稍早的时候，在不知道他是谁，我们以为他只是某人慈祥的爷爷的情况下，史蒂芬还和他在咖啡时间开玩笑地闲聊了一通。之后，史蒂芬才知道原来他是一个市值达数十亿美元的家族企业的创始人（这个企业的名字我们大家都很熟悉），他出身卑微，但却取得了巨大的成功。

改变的意愿

对于随着改变自然产生的焦虑和不确定感，拥有财商的人会予以容忍。他们也明白，改变不是一夜之间就会发生的事。当你试着做出改变时，不论是开展一项新的锻炼计划，或是学习一项新的技术，偏离目标总是很正常的现象，只需要把自己带回到正确的方向即可。

大多数人的改变，是由一些负面的刺激引起的。也就是痛苦或恐惧。在既不痛苦也不恐慌的情况下，我们应该有意识地去选择改变。除非你能开启做出改变的选择能力，否则你仍然会是痛恨改变的人。人们都会带有这样的疑问：如果我改变了，会有什么事情发生在我身上呢？不幸的是，许多人都想当然地认为改变会给自己带来负面影响。而富足的人则把改变看作是机遇，就算是他们意外地听到了自己的配偶说："我想要离婚。"他们明白不受欢迎的改变可以是一个机会，坏事可以变成好事。这完全取决于你是如何把握它的。

作为心理学家，我们很清楚改变总是说起来容易做起来难，因为大脑喜欢熟悉的东西。人类有一种名叫稳态（一种保持平衡的冲动）的生理和心理机制，它可以使人处于舒适的心态中。事实上，大脑喜欢可预测的模式，即使这些模式是不好的。拿饮食来做个例子，那些总是在减肥的人，或许很喜欢碎巧克力饼干，虽然他们很清楚自己吃了以后会后悔，然而吃甜食是他们的一种熟悉而且舒适的模式，所以他们仍然会一天天、一月月、一年年地吃下去。

但是，对于开启财商来说，拥有改变的能力是非常关键的，它可以使我们做到良好的适应和成长。值得庆幸的是，我们都能够改变，即使是要改变一些你已经习惯了一辈子的令你感觉舒适的行为。不幸的是，改变会带来不适感，而我们大多数人都不喜欢这种感觉，这纯粹是人类的天性，我们都有一个心理舒适区，而且我们都倾向于停留其中。如果你选择了顽固地坚持那些让你舒服的熟悉东西，而不愿意去体验改变带来的不适，你可能会发现自己被一些熟悉的、会约束你的模式锁住了。例如，我们可以从花钱、省钱和捐钱的模式中发现这种现象。先不管他们的习惯是好是坏，挥霍的人始终倾向于做一个挥霍的人，一个节俭的人始终习惯于做一个节俭的人。一个人在经历了意外的解雇之后，他的收入水平也会倾向于停留在原有的水平上。当你远离了这种舒适区，以及停止了对舒适的贪恋，你变得富足的机会就会大大增加。

拥有财商的人愿意做出困难的选择，承受令人不安的冒险，为了能让自己的人生不断向前，他们愿意远离自己的心理舒适区，这种敢于冒险的精神对于成功来说是至关重要的。

▎（三）掌控自己的人生▎

或许你认识这样的人，他们总是说："我不得不做一份令我痛恨的工作，我根本没有选择的余地。我是永远也不会找到自己喜欢的工作的。"他们一再提醒你，他们是环境的受害者。从某些方面来说，他们是对的。不可否认，外界施加给我们的社会、经济压力是强大而且琢磨不定的。失业、经济不景气、贫穷、缺乏经济基础和教育机会，任何人面临这些困难都会觉得老天是在故意和自己作对，但有些人会把这种感觉进一步夸大，形成一种自己无能为力、无法掌控生活的感觉，然后把所有问题都归咎于别人。这便是建筑师大卫以前的做法，他感觉自己的人生像是在跑步机上奔跑，社会和家庭的期待推动着他不停地加速，让他疲于奔命。

拥有财商的人最为重要的特质，就是认识到了他们能够管理好自己，他们是自己人生的驾驶员，他们能控制自己所有的想法、感觉和行动。生活既不是发生在他们身上的意外，也不是他们无力掌控的外部环境。他们关注的是自己如何采取行动；他们把自己看作是有能力管理自己的感觉和冲动，并且有权利做出选择的人。

要想把生活中的每一分钟都牢牢抓在自己手里是不太现实的，但从根本上来说，让自己变得富足起来的过程，就是一个让自己变得有能力和力量，并用积极的态度和行为对环境做出反应的过程。

许多人都认为，在这个世界上金钱便是力量。确实，金钱能够创造机会，提供选择的余地，但我们绝不能过分美化金钱的力量。在夜间新闻里，我们能看到许多富人（或拥有政治影响力的人物，或社会名流）也有无能为力的时候，或是用他们的财富做出了自我毁灭的举动。拥有金钱，并不能保证一个人能够做到自我管理、自我控制和无所不能。你可以很富有，但不一定会因此而富足。这听起来有点像是悖论，却是关于财商最核心的真相。

相反，拥有财商的人会把自己看作是生活的主人，而不是奴仆。他们以解决问题为导向。他们认为"我是我人生的控制者，无论面临什么问题，我都有责任去寻找解决的办法"。不管外部环境多么恶劣，他们都坚信自己有能力控制自己的感觉、思想和行动。当梅丽莎的投资在金融危机中急剧缩水之后，她和大多数人一样，失去了一半的储蓄。她的财务顾问试图缓解她的焦虑，却拿不出什么靠谱的方案。于是，她决定亲自出马，在低迷的经济环境中寻找机会。10年前，她曾经在房地产行业中工作过。她利用自己的经验，在大学或商业中心附近寻找、购买和修缮一些因无力偿还贷款被银行收回的房子，因为她知道人们希望能在上学或上班的地方附近租到负担得起的房子。她的目标是那些只用少量的现金就能买到的、已经人去楼空、用木板封起门窗的房产，而银行正巴不得把这些坏票从账簿上撕去。她动用了自己的一些存款，又从别人那儿借了些钱。她的第一个项目很成功，很顺利地把房子租了出去，然后她又继续完成了两个项目。

通过遏制了一个突如其来的、不断恶化的危机，梅丽莎稳步地找回了自己失去的财富。和大多数失去了积蓄的人一样，她也很害怕，但她知道，不可能指望别人来拯救自己。当然，有一些发生在我们身上的事情确实超出了我们的控制范围。比如一种被诊断出来的可怕的疾病。我们都有可能会得癌症、多发性硬化或是脑瘤。拥有财商的人会尽可能地打好自己抓到的那副牌。我们或许控制不了发生在自己身上的事，但我们可以控制自己如何去回应它。

1.心理感受性

心理感受性指的是你拥有思考和认识自己的心理运作过程的能力，使你能够进行自我反省。这种能力可以帮助我们退一步思考我们的选择。它在我们产生冲动和采取行动之间，创造了一段重要的停顿。

富足的人都会对自己保持足够的警觉，避免自己做出糊涂的选择。他们使用这种能力管理自己的经验，更好地理解为了达到目的自己愿意做什么，不愿意做什么。他们尽量做到客观地看待自己，对自己的缺点做出公正而诚实的评价，绝不让自己被不明智的动机控制着去做什么。拥有了从直接经验中后退一步的能力，他们就拥有了认清自己无效的行为和决定的能力。

最近流行的心理学、商业和灵修文化中，对于个人心理感受力的兴趣正在变得日益浓厚，所有相关的图书和研究都指出了禅修（关照内心）能够让人受益匪浅。拥有财商的人的不同之处，在于他们会采取行动，把从自我反省中学到的东西，作为前进路上的向导。

2.承担责任的勇气

不论自己说了什么，做了什么，拥有财商的人都会承担起相应的责任。他们不会因为自己错误的感觉、思想或行为而责怪别人。这并不是说他们所做的事情都是十全十美的，或是他们无论在工作中还是在家庭生活中能够让每个人都满意，而是说他们总能赢得其他人的尊重，即使在他们犯错误的时候也是一样。如果犯了错误，他们会说对不起，绝不会急着为自己开脱，也不会否认自己做过的事。他们会对发生的事情承担起应负的责任，努力让自己以后做得更好。他们坚持着这样一条信念：责无旁贷。用我们一位客户的话来说就是："我做我说的，我说我做的。"

人人都尊敬那些勇于承认自己的错误并为此承担责任的人。这种品质，让拥有财商的人不论是从心理上，还是在和他人的交往中都受益匪浅。即使他们犯错误了，人们还是被他们从不害怕承认错误的勇气折服，仍然把他们看作是领袖。我们常说这样的人"有种"，但勇于承担责任，不是一句"有种"就能说清楚的。它可以在你面临改变和冲突时，让你总结经验和重新调整方向的过程更有效率。当问题出现时，如果你能毫不犹豫地负起责任来，问题就能很快得到解决，你也能够继续前进了。

3. 强大的本体感

一个人能否拥有强大的本体感（即清楚地知道自己是谁，以及是什么让你显得独一无二）是非常重要的。我们在童年的时候就已经建立起了一种关于自己是谁的本体感，之后在整个人生中不断地对它进行演化和重新界定。拥有财商的人尽管很了解自己，但他们知道，他们关于自我的感觉，是被各种不断变化、流动、发展的力量影响着的。如果他们坚持某种静止的，或是过度被过去所定义的自我感觉，他们恐怕也开启不了自己的财商。

这些年来，在为人们提供治疗的过程中，我们反复看到，要是一个人紧抓住一种已经成为过去的、不再靠谱的本体感不放，他可能就无法正确认识现在的自己。杰西卡是一位45岁的商界女强人，拥有着强大的本体感。她过着富有的生活，有许多朋友和业余爱好。突然从某一天开始，她每天早上醒来的时候，开始感觉到空虚，但又没有什么缘由。经过和她一个小时的交流，我们帮助她找出了缘由。她最小的孩子准备离家上大学，杰西卡没有意识到她的本体感和她作为一个母亲的角色是多么紧密地联系在一起。当她明白了这一点，她的感觉就找到了根源。她开始能够理解自己生活中正在经历的变化，并重新调整了生活的重心。她加入了一个空巢老人的群体，在那里找到了感情上的支持和启发。在一种更贴近内心的爱好中，杰西卡建立了一种新的本体感，她开始为一家全国性的慈善委员会工作，专门帮助那些受过伤害的年轻人做出正确的人生选择。

对于真正富足的人来说，自我价值、自我尊重和本体感并不是建立在财富之上的。强大的自我，是由许多其他因素创造的，包括爱和被爱的能力，与家庭、社区的关系和获得他们的认可，以及成功和效率。如果说我们从和这些富足的人的工作中学到了什么，那就是一个人必须要建立一种强大的本体感，而且这种本体感不是建立在他们的银行存款上。

毫无疑问，做到经济独立能够增强你的自尊，这在我们的社会里是一种成功的象征。取得巨大的成就以及随之而来的财富，可以为你建立起积极的自我认同，并提供一块重要的基石。然而，金钱和事业上的成功，并不能给你提供足够且稳定的自尊。在和一些新近富裕起来的人的合作过程中，我们发现了他们在适应经济上的成功时，会经历4个阶段的过程，我们称之为"财富身份的适应过程[①]"。在这个过程中，他们渐渐"接受"了金钱为他的生活带来的改变，逐渐承担起了他对个人、家庭和社会的责任感。从这个过程中，我们发现了对于他们来说，能够从金钱的使用中获得乐趣是多么的重要。也就是说，从他们为自己创造的生活方式中，以及他们的财富能为别人带来的有益的影响中获得乐趣。没错，这个过程有一种有趣的对应关系：这些拥有财商的人通过享受和消费，获得了一种积极的、强大的本体感。他们会花钱买一些有意义且能带来快乐的东西。不过，他们也会把财富作为一种资源来给家庭和社会带来积极的改变，以此来平衡他们的消费。如果你能清醒地认识到自己的消费模式能否为你带来快乐和意义，你一定会从中受益匪浅。

建立起强大的本体感和自尊，是一个缓慢的、不断变化和演进的动态过程。当我们观察那些拥有财商的人的生活时，我们看到了他们在各种优先事项之间取得了一种完美的平衡，并随着年龄的变化加以调整。他们会根据自己的欲望和意料之外的变化调整生活策略。如果你想开启

---

① S. 古德巴特、D. T. 杰菲，和 J. 迪芙利雅：《金钱、意义和身份：谈谈与成为有钱人有关的词语》，载《心理学和消费文化：在一个功利世界中为了一种好生活的挣扎》（T. 凯瑟，A. D. 肯纳编），华盛顿哥伦比亚特区，美国心理学会，2003。

财商，培养起积极而又富足的本体感，你需要回答这样一个问题，这是一个大多数美国人都不曾主动去思考的问题：对于我、我的家庭和我的社区来说，我的钱究竟有什么意义和用途呢？

▎（四）抱负▎

一个人有抱负的话，意味着他渴望实现某个特定的目标。他知道自己想要什么，他会理直气壮地去追求。这种感觉就好像是你身边既没有地图也没有导航仪，但你心里却很清楚怎样把车开到某个想要去的某个地方。

20世纪80年代早期，麦当娜出现在美国音乐电台时，用一首《宛若处女》震惊了所有人。表演过后，迪克·克拉克问她在未来有什么目标时，她回答说："征服全世界。"最终，她从一个没有热水的破旧公寓里走了出来，成为最为著名和艺术家之一。没有抱负，她绝对走不到这一步，而且她也没有试图掩饰自己的野心，她为此感到骄傲。

抱负，也是你确立自己在这个世界上位置的一种方式，因为抱负能向人们展示你独一无二的才能，从而获得一种属于你的成就感。如果你生活在成功的父母或其他家庭成员的阴影之下，有没有抱负就显得尤其重要。我们的许多客户都把父母的名声和成功看作是沉重的负担，他们会觉得别人在期待着他们取得和他们父母一样的成就和声誉。他们担心要是自己跟随父母的脚步，即使取得了和父母同样的成绩，也会被别人看低。50岁的乔纳森是一位靠个人打拼取得成功的企业家，他的父亲是一位非常成功的商人，他告诉我们："我父亲给我的最好的礼物，就是没有给我一份工作。他极其反对裙带关系。在很小的时候，我就知道雇用亲属会违背他的公司政策。我现在有了一份难以置信的工作，但如果当初我去为父亲工作，我就不可能拥有现在的一切。尽管我很自信那样的话我也能做得很成功，但我会一直把父亲为我提供的这份工作当作一个污点，这不是我想要的。"

竞争意识

富足的人都喜欢赢。这倒不是出于什么自私的理由，而是他们喜欢追逐的刺激，并亲眼目睹一个人最后脱颖而出时的兴奋。奥运会上渴望金牌的运动员们，喜欢从努力击败竞争对手的过程中获得巨大的快感；而且即使没能获得金牌，他们也会恭喜获胜的对手。不管是纸牌游戏、商业游戏或是猜名人游戏，富足的人都很热衷。

那些开启了财商、充满野心和竞争意识的人，看起来很喜欢和别人竞争，但其实他们的竞争对象只是自己。他们希望能够不断超越自己。能比别人做得更好当然不错，但归根结底，他们是在挑战自己，他们关心的是自己想要去什么地方。我们来听听皮特怎么说的："我的竞争意识很强，但那基本上是向内的而不是向外的。我的意思是，我关心的是我比自己过去做得有多好，而不是我比其他人做得有多好。我要不断超越自己，我相信我能够做到；但我不会去考虑别人做得怎么样。我想我的爱好正好反映了这一点：我喜欢的运动项目是个人的，而不是集体的。"

拥有财商所要求的态度和行为的人，恐怕非常稀有。像我们大多数人一样，富足的人既有某些优点，也有一些缺点。但他们对待自身优缺点的方式与大多数人不同。他们会热情饱满地专注于发挥自己的优点，并寻找方法改进自己的不足。如果有些缺点无法改进，他们就去找能帮他们解决这些问题的人。要去承认自己的优点和缺点，需要很大的勇气，并且你还需要尽所能地确保你的缺点不会成为你的绊脚石。

AFFLUENCE INTELLIGENCE

第5章

比一比，你的行为、态度离富足有多远

Earn More, Worry Less,

and Live a Happy and Balanced Life

在第二部分测试里，你将评估你的行为和态度。就像前面说过的，回答问题时要做到实事求是，把事实和真相作为答案，不要掺杂"我应该"或"我希望"的想法，虽然诚实有时候会让我们很痛苦。多给自己一些时间，认真谨慎地完成这部分测试，不要太过仓促。在回应这些问题时，试着举出一个真实的例子，来说明你确实有过某种行为。例如，你可能会说："是的，我有证据说明我的心态很开放。我不太喜欢重型机车，但当女儿和一个骑着哈雷摩托、满身文身的家伙约会时，我决定还是先去了解了解他。结果发现在文身下面，他是个不错的家伙。"

为了确保让自己做到诚实，你可以考虑请某个熟悉你的人，在你答完问题后检查你的答案。或者，如果你觉得不太确定某个问题该怎么回答时，就可以问问朋友或你的爱人，比如"你有见过我在经历了失望的打击之后重新振作起来吗？"或者"你觉得我是个乐观的人吗？"可能他们的答案会让你大吃一惊。更好的方法是让熟悉你的人假设是你，来完成这个测试；你自己再做一次，然后把你们两个的平均分，作为你最终的得分。

最后，请记住你回答的态度和行为，必须同时涵盖你在工作和家庭生活中的表现。有时候，这两者可能会有很大的差别。比如，你在和同事工作时会显得很强硬，但当你回到家里同配偶和孩子在一起时却变得很温和。在这种情况下，你就不能把自己评定为高度自信的人。在测试时，你必须认真考虑，从整体上看待这个问题，不能只根据你表现自信的一面就得出结论。

一、测试 B 的评分标准：行为和态度

在每一类行为和态度下面，都会有一定数量的陈述。你要根据你对这种表述的赞成程度，给每一项打分，评分标准如下，然后将每部分中所有选项的得分相加。

答案	得分
我非常不同意	1 分
我有些不同意	3 分
我有点不同意	5 分
我有点同意	6 分
我有些同意	8 分
我非常同意	10 分

在每一种陈述旁边写下分数，然后把你的结果记下来。每一种行为和态度都有 10 道问题。把 10 道问题的得分相加，然后再除以 10。（如果你的总得分不是整数，如 87.6，那就调高为整数 88。）浏览一下 8 种行为和态度的全部得分，找出得分最高和最低的一项。这些数据，反映了你的优点，以及你将来想要改善的方面。

▌（一）行为 ▌

1. 心理韧性

_____ 我能从失望中迅速恢复过来。

_____ 我很乐意从错误中学习。

_____ 我可以克服自己的错误，继续前进。

_____ 如果有糟糕的事情发生了，我不会产生严重的挫折感。

_____ 我能处理好那些由坏的或悲伤的消息引发的情感，不会被压垮。

_____ 我从来不会在解释什么出了问题时，为自己的失误寻找借口。

_____ 面临挑战时，我关心的是怎样才能最好地解决问题。

_____ 当我很心烦或惹得别人心烦的时候，我可以很容易地冷静下来。

_____ 如果我对某个问题或情况的感觉很消极，我会等到自己有了更全面的看法时再采取行动。

_____ 我能处理好被拒绝带来的感觉，并且会继续尝试下去。

_____ 总得分

2. 自信

_____ 如果我点的菜不合口味，我会告诉服务生。

_____ 当我请求什么时，如果有人对我说No，我也觉得没什么，并且会换种方式再试一次。

_____ 在我说话的时候，我不会让别人打断我。

_____ 如果我对什么事情很困惑，或觉得自己很笨，理解不了某些事情，我会开口去问。

_____ 要是我觉得自己受到了不合理的对待，我会争取自己的权利。

_____ 我相信我有权利表达自己的意见、看法和感觉。

_____ 与其关心如何讨人喜欢，不如维护自己的权益。

_____ 当我听不懂别人在说什么时，我会要求他们做进一步的说明。

_____ 我不介意别人不同意我的观点，也愿意接受完全不同的观点。

_____ 我不会让那些貌似强大的人欺负或恐吓我。

_____ 总得分

3.人际效能

_____ 人们都说我很能体谅他们的感受。

_____ 我对别人的情感需求很敏感，也愿意和他们的情感取得共鸣。

_____ 当我产生了某种情绪，我能意识到是针对什么事情的，并且会和别人进行分享。

_____ 我能够很好地调整自己的感受。

_____ 人们经常就情感上的问题向我求助。

_____ 在和团队共同努力或追求共同的目标时，我不会带进自己的负面情绪。

_____ 我相信合作是成功的钥匙。

_____ 我可以很好地解读人们的肢体语言和其他的社交信号代表的是他们的哪种感觉或需要。

_____ 我拥有解决我和别人之间的冲突所必需的技巧和策略。

_____ 当我心烦意乱的时候，我仍然能够清晰地表达自己的感受，以及倾听他人的感受。

_____ 总得分

4.努力工作和实现目标的能力

_____ 在挫折面前，我能够激励自己一次一次地去尝试。

_____ 如果我想要什么东西，我会竭尽所能得到它。

_____ 我不会让什么事情分散我对目标的注意力。

_____ 有时候为了追求目标，我不得不放弃一些喜欢的活动，但我还是会集中精力，去执行计划。

_____ 我会为了得到想要的东西努力工作。

_____ 遇到障碍的时候，即使其他人都放弃了，我还是会寻找继续前进的道路。

_____ 别人觉得我是个以目标为导向的人。

_____ 人们说我不达目的誓不罢休。

_____ 我有一份"必做事务"清单，每天都能完成上面大部分的事情。

_____ 在我期待的结果出现之前，我从不放弃。

_____ 总得分

（二）态度

5.乐观

_____ 我经常能发现别人看不到的可能性。

_____ 我喜欢奖励那些向我提出质疑的人。

_____ 通常，我都觉得事情会一帆风顺。

_____ 我对人生的态度是知足常乐。

_____ 我不喜欢和总是唱反调的人打交道。

_____ 我相信我能给人们带来快乐。

_____ 我相信我能得到自己想要的。如果没有得到，很快也能得到同样好甚至更好的东西。

_____ 我是个幸运儿。

_____ 就算是度过了糟糕的一天，我也相信明天会更好。

_____ 我把问题看作是暂时的障碍，我相信我能克服。

_____ 总得分

6.好奇心和开放的心态

_____ 我总是希望能了解人们思考和感觉的方式，即使在我不同意他们的时候也一样。

_____ 在研究某种事情的时候，我会从不同的角度去看待。

_____ 我是个真正的"终身"学习者。

_____ 人们都说我喜欢问为什么。

_____ 人们说我从不对别人胡乱下判断。

_____ 我一直对于人们多种多样的经历、知识和信念充满好奇心。

_____ 我经常在处理问题时蹦出一些很有创意的解决办法。

_____ 我喜欢在尝试过新事物之后再决定是否喜欢。

_____ 我会用开放的心态来看待新情况。

_____ 我从自己的经验中学习，也会从他人的经验中学习。

_____ 总得分

7.掌控自己的人生

_____ 在绝大多数情况下，我都会承担自己的那部分责任。

_____ 如果别人不喜欢我，我不会为了让他们更喜欢我而变得"过于和善"，或满口抱怨。

_____ 在心烦意乱之后，我能很快冷静下来。

_____ 我内心的信念带领我走过了许多艰难的道路。

_____ 即使遭到了别人激烈的反对，我也会坚持某些立场。

_____ 不管是在哪里，不管是和谁在一起，我都会始终如一地做自己。

_____ 我是对自己的人生发号施令的那个人。

_____ 我会为自己的情绪负责，不管是好的还是坏的。

_____ 在采取行动之前，我都会暂停一下，认真思考一会儿。

_____ 总得分

8. 抱负

_____ 人们说我总是很专注，是一个以目标为导向的人。

_____ 不管是在工作中还是在生活中，我都有清晰的目标。

_____ 我知道我想要什么，而且我会去争取。

_____ 我在追逐梦想的过程中不断成长。

_____ 有人说我一直很努力。

_____ 我热爱竞争，我也喜欢赢。

_____ 为了实现目标，我会做任何需要做的事。

_____ 不管是工作还是游戏，我都喜欢给自己设立一个目标。

_____ 每天早上睁开眼，我都迫不及待地要为我的目标去奋斗。

_____ 人们说我不管是在工作还是在玩乐的时候，都会尽力而为。

_____ 总得分

你在测试B中的得分

态度和行为	得分
1. 心理韧性	
2. 自信	
3. 人际效能	

4. 努力工作和实现目标的能力

5. 乐观

6. 好奇心和开放的心态

7. 掌控自己的人生

8. 抱负

测试B部分的总得分：＿＿＿＿＿＿＿

AFFLUENCE INTELLIGENCE

第6章
你和财富，谁主谁仆

Earn More, Worry Less,

and Live a Happy and Balanced Life

你是那种对金钱的概念混沌一片的人吗？许多人都对自己的财务状况缺乏了解——挣进了多少？花出去多少？需要多少钱才能保证将来的生活无忧？还有些人甚至根本不会考虑这些事，因为一想到钱，他们就会觉得内心不安。如果一个人生活在这样的混沌之中，会变得迟钝、迟疑、辨不清方向、恐惧和脆弱，最终失去自己辛苦挣来的钱。

　　相比之下，拥有财务效能的人在处理和金钱的关系时，则显得自信且游刃有余。这种才能包括财务管理能力和财务心态两个方面。他们明白制订理财计划的重要性，并掌握了足够的理财知识，也在心理上建立起了对于金钱的舒适区。如果你渴望提高自己的道琼斯指数，就必须提升自己的财务效能。

　　财务管理能力是指，一个人拥有自己的理财计划并且通晓各种理财的机制。假设你准备了5个水桶，分别叫作收入、支出、存款、投资和慈善捐款，把你的钱分别放进这5个桶里，看看钱是如何在几个桶里流进流出的。我们应该在认真地思考之后，确定自己在财务上的需求和欲望，并据此对如何管理这5只水桶形成自己的理念，然后在这些理念的基础上制订理财计划。这样的计划，才可以说是包含了财商智慧的计划。这份计划还应该包括把这些理念贯彻到生活中的具体措施，以及从这5个方面管理财产的政策和指导原则。举例来说，如果你秉持的理念是"量入为出"，你要在计划中规定支出不能超出自己的承受能力，这意味着你要对信用卡的使用和贷款进行限制；如果你的理念是"追求长期的财务安全"，你应该在计划中把一定比例的收入转换成存款或投资（你可以通过本书稍后介绍的3个月财商计划开始这个过程）。通过了解市场和理财的基本原理，你可以获得一些有用的信息和工具，制订最有效率和效果的计划，得到你想要的东西。

这些基本原理可以帮你评估你的需要和欲望，确定哪种理财计划最有可能实现你的目标。先别挠头，我们可没说你必须要让自己成为会计师或者数学能手。不过，你还是得投入一些时间，要求自己多掌握一些理财知识，并根据你的价值观制订一份理财计划。我们对待自己的金钱，应该像对待最珍贵的物品（比如一辆赛车、一个童年时候的相册，或一幅喜欢的艺术作品）一样认真谨慎。你可以像我们大多数的客户那样，向金融顾问、会计师和理财顾问求助，他们可以帮你打理你的理财事务。你也可以向一个值得信赖的、擅长理财的朋友求助。不过，就算是在向别人求助的时候，你也应该保留自己的主见。如何管理你的收入、支出、存款、投资和慈善捐款，应该由你说了算。奥普拉·温弗瑞算是这个星球上最富有的女人之一，她说对她而言最重要的一件事，就是公司里开出去的每张支票都必须由她亲自签字，她要知道自己的每一分钱都做了什么。

理财时会用到一些简单的概念，理解这些概念用到的数学知识，不会比你在中学学过的复杂。要想做到成功理财，制订理财计划和通晓这方面的语言非常关键。

提高你个人的道琼斯指数，让自己变得更有财务效能。如同我们在第1章描述过的，当你提高了自己的财务效能，你不仅可以更加负责地，而且可以更加从容地去挣钱、花钱、存钱、投资和慈善捐赠。第一步，需要你了解一些基本的理财知识。如果你（和你的生活伴侣）想要获得经济保障和承担经济责任，需要怎么做呢？

- 掌控你的资产。从这5个方面入手，对你的资产做一下整理。
  › 收入
  › 支出
  › 存款
  › 投资
  › 慈善捐款
- 要能够自在、轻松地谈论关于钱的话题。
- 学习和掌握关于银行业务和金融市场的基本知识。
- 确定你在这5个方面的管理政策：
  › 收入
  › 支出
  › 存款
  › 投资
  › 慈善捐款
- 针对你日常生活的需要和欲望制订一份预算：
  › 尽可能将你的资产分配到这5个方面。
  › 财商的秘诀：量入为出。
- 建立一个短期的和一个长期的理财计划，这些计划要与你的价值观保持一致，符合你的年龄和你所能承担的责任。确定你的：
  › 短期的和长期的理财目标。
  › 风险承受能力，作为投资策略的参考。
  › 预算中应有多少用作保险费用，并建立一个应急的后备基金。
  › 几项大的开支应该存多少钱：孩子的学费、退休金、医疗保险。

• 分别为收入、支出、存款、投资和慈善捐款设置一个参考指数。

• 为了更好地实施计划，你可以寻求专业的帮助（理财顾问、金融顾问、会计师、律师）。

• 接受监督。通过填写进程表来记录计划执行的过程。最好请一个朋友或顾问来监督你，确保你不会偏离方向和所有记录都能真实可靠。

拥有理财能力的人清楚自己每月有多少收入，有自己的储蓄计划，知道多少开支才不会破坏自己的理财计划；慈善捐赠——不管金额多少——也是计划的一部分；他们会根据自己的风险承受能力，谨慎地做出理财决定——不一定非得是什么理财专家，才能够做出合理的决定；他们也知道怎么读资产负债表，知道如何填写税务报表。

财务效能的第二部分，是用从容自在的态度来看待金钱。我们称之为"财务心态"。有了这种心态，你就不会再因为钱而心神不宁、焦虑、愧疚、尴尬或羞耻了；你会用一种积极健康的心态来安排自己的收入、支出、存款、投资和慈善捐款；金钱再也不是你唯一的动力，也不再能决定你是谁了；你会把它看作是人生的一种工具和资源，而不是一种蛮横地主宰着你的自尊、人生的意义和幸福的东西。当你感觉自己掌控了金钱，而不是被金钱掌控的时候，你就获得了财务心态。看看霍华德的生活，他的财富远比不上比尔·盖茨，但他内心仍然觉得很幸福，觉得自己的事业很成功。当你拥有了财务心态，你就能更好地处理生活中那些与钱有关的部分，比如爱情、工作和养育孩子面临的挑战。在最理想的状态下，财务心态会让我们很好地关照自己的需求，使我们把金钱作为一种工具，用来享受、获得安全感、慷慨待人，或做我们觉得重要的事情。

不过，另一种人则和建筑师大卫一样。他们挣了很多钱，甚至已经存了大笔的退休金，但金钱并没有给他们带来内心的平静和安全感。大卫的情况，在我们许多非常有钱的客户身上都出现过，这让我们意识到，并不是只要有了更多的钱，一个人就一定能够获得财务心态。财务心态带来的安全感和心灵的平静，也并不和你掌握的理财知识成正比。事实上，当你的财富开始增加，有可能会使你陷入沉重的焦虑和困惑之中。我们创造了"暴富症候群"这个词，用来描述一个原本没什么钱的人突然得到了很多钱之后精神上的体验。我们发现，由于缺少财务心态，他们变得更加脆弱和缺少安全感。这是暴富症候群所揭示的最有趣的东西：如果金钱是终点，那么人们又怎么会遭遇到这些问题呢？事实上，突如其来的财富给人们带来的痛苦和受伤的体验，要远比一般人料想的严重得多。

获得了财务心态的人，可以更好地驾驭他们和金钱的关系：为了获得或维护内心的安宁和安全感，他们能够为自己的生活做出必要的，有时候也很艰难的选择。在金钱的问题上，他们始终会把主动权掌握在自己手里。所以，当38岁的承包商杰克失去了工作，只能找到一些兼职的时候，他想出了削减债务的方法，如搬出自己的住所，到公寓去住，还缩减了一些休闲活动的开支，这样他就能够减轻收入减少带来的压力了。当然，有许多人会说，自己有房贷、车贷、信用卡要还，没办法彻底还清所有的债务；或者说换工作实在是没有必要，特别是在失业率高的时候，更不能冒这个险。要是他们拥有了财务心态，就能做出更积极的决定，改变自己的生活方式，以适合自身财务状况的改变。我们见到过一些这方面的有趣例子：拉兹是一名65岁的退休教师，他已经离开美国在其他国家生活了十多年，这些国家的生活成本要比美国低得多。他说："怎么才能生活得快活又不用花太多钱呢？在这方面我可以算得上是专家了。我把钱用来做真正喜欢的事，尽量控制没有意义的开销。那些花了钱还让人心里犯堵的事，我是绝对不去碰的。"拉兹并不是什么巨额财产的继承人，他和妻子靠着领取社保和做临时工生活。

一、财务效能和你的金钱心理

虽然财务效能带来的好处显而易见，但对于大多数人来说，要想真的得到这种能力，也不是件容易的事。不幸的是，美国绝大多数学校都没有给学生设置有关经济常识或理财技巧的课程，学校不会教给孩子们如何制订预算，如何理解股票、债券、利率、另类投资等。此外，今天的女性在经济上仍然属于二等公民。即使是在高薪职位上，她们的平均收入仍然少于同等职位的男性（根据工作的种类不同，大约少10%~20%）[①]。

这其中包括了许多专业性很强的工作，比如医生。女性医生和男性同行比起来，收入差距相当惊人[②]。虽然女性在企业管理层和政界的地位有了很大的提高，但仍然面临着很多障碍。

很多人大概都有过这样的体会，在和朋友或家人谈到钱的时候，这个话题就像一根引雷针，能牵引出太多激烈的情感、幻想、宗教信念、文化交流和沉浮起落的家族故事。有一个虽然简单却一再触动的事实是：对于人们来说，很难把钱仅仅当作钱来思考或交流；人们总是不可避免地在有关钱的话题中掺杂其他的感情和话题。就像20世纪初人们对待性的态度一样，我们害怕面对自己关于钱的感觉和态度，总是绝口不提。但无视并不能带来安乐，只会让人感觉沮丧和被禁锢，这些都会妨碍你开启财商。

为了应对挑战和提高财商，你需要认真剖析自己的金钱心理，看看它是由哪些感觉、信念和态度构成的。的确，关于省钱、消费、捐赠和

---

① 女性政策研究所（IWPR）专题概要：《男女工资差距：2010》，IWPR C350号，2011年4月更新。www.iwpr.org/publications/by-date 可查找。

② A. T. 罗·纱索，M. R. 理查德斯等：《新近受过培训的医生16819美元的收入差距：男人挣的比女人多的未被阐明的趋势》，载《健康事务》第30卷第2期，2011年2月，第193–201页。

投资，我们每个人都有自己独一无二的心理，这种心理是由我们从小到大与钱有关的各种经历塑造而成的。这些经历共同作用，编写了一套关于金钱的心理软件，决定了我们如何消费、投资、储蓄或捐赠。你如何思考、感觉和处理金钱，都反映了你个人的金钱心理。只有对自己的金钱心理了解得更多，你才越有可能修改、升级或改变这套推动（或者阻止）你做出决定的软件。

令人遗憾的是，我们有许多重要的财务决定，都是由另一套我们意识不到的软件做出的。通常，它会伪装成一些我们深信不疑的价值观和信念。这些价值观中，有些适用于我们目前的财务状况，但有些则是历史的残留物，已经不再符合实际或者说是过时了。对这些价值观形成清醒的认识，是获得财务效能和开启财商的关键。来看看保罗的例子，他所面临的困境非常有趣。保罗的父亲去世了，留给了他一大笔财产。他想快点把这些钱摆脱掉，越快越好。因为他说："我的父亲不是好人。这些钱都是他压榨别人得来的；他利用完他们，就把他们扔到一边。我父亲是劳动力全球化的急先锋。他的公司通过用国外廉价的劳动力来替代国内的长期雇员，挣到了非常多的钱。他只关心公司能不能赢利，根本不在意他的行为给别人带来的痛苦。当我质问他为什么要这样对待那些我们认识了很多年的员工时，他只是假装听不见，或者是转移话题。我对他非常失望，也很憎恨他的行为，我们的关系一直很冷淡。"

保罗从他的财务顾问那里听说我们对于暴富造成的心理和伦理问题很有研究。他找到我们说："我想要正确处理这个问题。"他知道他对父亲的感情让他没有办法用合理的方法处理自己的困境。保罗不想像父亲那样对待和处理这些钱，但又不知道该怎么做。他还从来没有认真考虑过自己的金钱心理，也没有考虑过继承的财产给他带来的机会。我们帮助他思考和建立了一套符合他目前情况的金钱价值观；帮助他思考可以通过哪些方式，利用继承的财产给世界带来改变。通过明确自己的金钱价值观（你也可以通过使用本书的方法了解自己的金钱价值观），保罗明白了他并不一定要按照父亲的方式来处理这些钱，他可以有自己的方式。他改变了对金钱的观念，开始把这笔遗产看作是一种可以被他掌控的东西，而不是一种负担。比如，他拿出一部分钱来支持那些维护工人权益的组织，支持因为工种被淘汰而失业的工人接受职业培训。对于保罗来说，这些慈善行为是一种补偿，表达了他想要弥补父亲为了积累财富而造成的伤害的愿望[①]。

二、发现你的金钱心理：稀缺和过剩

人们对于自己的金钱价值观，有些能够意识得到，有些却意识不到。比如说，你可能觉得自己乐善好施，但心灵深处却一直有一种恐惧，担心自己手里的钱不够多，无法给自己提供足够的安全感。认清自己的金钱心理，意味着要去理解那些影响你金钱价值观的显性和隐性的力量。所以，我们绝不能低估我们的家庭背景、文化和宗教信仰的影响，这关系到我们是把钱财当作一种稀缺资源，还是一种取之不尽的东西。如果我们把这种稀缺和过剩的信念想象成一个一端是纯粹的稀缺、另一端是纯粹的过剩的连续渐变的坐标轴。有些人的信念会接近稀缺的一端，而另一些人则更靠近过剩的一端。不论哪种倾向，如果走向极端，都是非常危险的。我们看到过这样的例子，如果在一个人的成长经历中，家里经济条件不好或在经济上遭受过惨重的损失，即使他后来积攒了大量的财产，这些经历也会妨碍他获得财务心态。我们曾经和一些具有我们称为"女乞丐症候群"特征的、非常富有的人合作过，具有这种特征的人——有些还是千万富翁，永远处于"第二天醒来时自己会变得一无所有"的恐惧之中，他们根本无法获得财务心态。这些非理性的恐惧，通

---

① 有许多人在有生之年选择将他们的财富捐赠出去。例如，沃伦·巴菲特已经将他大部分的财产赠给了盖茨基金会。阅读下克里斯·莫吉尔和安·斯莱皮安所著《我们捐赠了一大笔钱》一书中的故事。

常是遗传自父母或祖父母——他们可能经历过大萧条，经历过大屠杀，或目睹过家人因为嗜赌将家产输得一干二净。由此带来的结果是，这些受到"女乞丐症候群"困扰的人对于金钱总是怀揣着一种不安全感，以为灾难随时可能降临到自己身上。

而处于另一个极端的，则是乐观到了不理性程度的人，他们相信不管自己欠了多少债，钱都会及时出现。他们从小到大，从大人那儿接收到的有关金钱的信息都是："不用担心，不管你搞出多大的乱子，我们都会帮你处理好的。"这都是过度保护的配偶、父亲或朋友馈赠给他们的。有些人会使自己的生活一再地、不可避免地陷入财务危机和麻烦之中，需要别人在经济上向他们施以援手。他们深信，一旦自己失败了，总会有人来收拾烂摊子，所以，他们花起钱来毫无节制，挣1块却能花2块。

想想看，你自己处在这个坐标轴的什么位置？好好认识那些影响你的家庭或文化的因素，你的意识是稀缺型的还是过剩型的？这些信念还适合今天的你或是你人生的目标吗？哪些价值观对你是有用的，可以提高你的财商？

三、金钱焦虑

很多人在大多数问题上都表现得很聪明，但在钱的问题上却是一团浆糊。说到财务问题，似乎总有一些来自心灵深处的、令我们感觉无助和愚蠢的声音对我们发号施令。来听听乔尔的故事吧：她是一名很有声望的历史学教授，在处理工作事务上显得游刃有余，却不擅长理财。就算是查看每月的银行结算单，都会让她抓狂。她解除焦虑的办法，是把结算单扔在一边，就当它不存在。乔尔出生在一个成功的商业世家，在这个家庭里，女儿们是不能继承生意的。她被期待成为一名好妻子、好母亲、找到一份有社会地位的工作。在家里，女孩们不能参与任何财务方面的交流或生意上的讨论。结果，就像她男友说过的："你对钱的看法真滑稽。"她坚守着家庭给予她的价值观——女性的特质和理财能力是水火不容的。尽管她的家庭很支持她在学术上取得成就，但他们向她传达的关于钱的负面信息，却使她无法获得财务效能。即便以乔尔的聪明，可以让他她完全在财务问题上变得更有效能；但她无意识的金钱心理，还有她拥有理财能力就是对家庭的核心价值观的背叛的这种信念，给她设置了一条无法突破的底线。

四、花钱的人和省钱的人

你对花钱和省钱这两种行为的态度和信念，也同样会反映出你的金钱心理。从某种意义上来说，世界可以一分为二。一半是生来就喜欢花钱的人，另一半是天生热衷于省钱的人。喜欢花钱的人会在消费中寻找乐趣。对他们来说，金钱是用来享受的，财务风险是值得承受的。他们为人慷慨大方，喜欢带给别人快乐和支持慈善事业。购物就是他们最好的疗伤方法。喜欢省钱的人的乐趣则全在于省钱，有时候甚至会像葛朗台一样吝啬。他们的银行存款越多，越会有安全感和幸福。他们更趋向于规避风险。他们小心翼翼，从不轻易付出和承诺。有趣的是，花钱的人和省钱的人常常会结合在一起，他们潜意识里渴望借助对方来平衡自己对于金钱的倾向。不幸的是，这种对于平衡的渴望，常常被另外一种心理倾向破坏，即我们都喜欢重复熟悉的东西，不断强化我们的思维模式，不管是好的还是坏的。因此，很多时候，喜欢花钱的人和喜欢省钱的人建立起来的关系并不是互利的，而是充满了冲突；并且每个人都坚持自己的立场，要求对方听自己的。

五、为你的金钱心理负起责任来

或许你已经认识到了自己偏爱花钱或省钱，并且更加清楚地认识到自己是把钱看作稀缺资源，而不是过剩资源。关键在于，你必须将这种认识转化成个人的责任，让自己变得更有财务效能；不仅要获得财务心态，还要获得财务管理能力。千万不要把自己缺少财务效能怪到你的伴侣、父母或社会头上，也不要容忍你的伴侣缺少财务效能的行为；否则，你也会被拉下水。不管你们的关系表面上看多么和谐，你都要睁大双眼，留意你们关系中和钱有关的问题。我们看到过许多在大萧条到来之前仍过着超出自己经济能力的生活的人，他们自欺欺人地以为经济会越来越好，认为用不着留什么后路。然后，夫妻中的一方丢掉了工作，再然后是汽车，再然后他们连贷款的利息也付不起了。不到一年的时间，他们不但丢掉了自己的乐观，还有生活的支柱。

要想变得更有财务效能，财务心态和财务管理能力缺一不可。同时，一个人的财务效能，应该成为他成长的一部分，要根据生活的改变和挑战不断地进行调整。我们看到过一些人在一小段时期内拥有过财务心态，但很快在接下来的人生路上迷失了方向。如果你的财务管理能力不足，你的财务心态也会受到伤害。例如，辛迪是一个很成功的舞蹈老师和舞蹈演员，她的人生核心是舞蹈，而不是金钱。在二三十岁的时候，她挣的钱刚好能维持一种简朴的生活，她可以把精力全都用在跳舞上。她用不着为钱发愁，也过得很快活。到了40岁，她的身体开始走下坡路，不可能再像以前那样长时间或努力地工作了。她不得不面对这个现实，对于自己的未来和经济上的安全，她根本毫无打算。现在，她债台高筑，整天在和钱有关的焦虑中挣扎。这个故事和许多婴儿潮时期出生的人的经历如出一辙。从财务的角度来说，他们信奉活在当下的哲学，之后却不得不为明天发愁①。

---

①婴儿潮一代的缺乏计划性，得到了鼓吹消费的经济政策和政治主张的支持，这些政策和主张偏离了传统的美国价值观，转而煽动人们在媒体的驱动下涌入市场迫切地享受不受约束的消费。从未有过这样一个庞大的社会群体感到如此大的压力，他们要使用他们的信用卡，过起入不敷出的生活。现在，以及将来，婴儿潮一代都陷入了巨大的财务危机中。尽管美国的经济政策和大众媒体一再对他们的消费行为火上浇油，但自从1980年以来，他们的经济安全保障已经在缓慢地但确定无疑地遭到了破坏。

就其本质而言，财务效能（即拥有财务心态和财务管理能力）意味着你要牢牢掌控自己的资产，真正成为"钱的主人"。开启财商的这一部分，意味着你的财务意识开始觉醒了。你面临的挑战在于要让自己保持清醒并且采取行动。遗憾的是，大部分人都只是睁开眼看了一下，又回到了混沌之中。如果你关闭了财商的这一部分，或者假装你对数学不在行，或一再自欺欺人地告诉自己永远不可能轻松地面对金钱；那么，我们敢打赌你永远也开启不了自己的财商。最困难的工作，是你必须揭穿为自己的失败编造的借口。这意味着你要认真反省自己接收到的与钱相关的信息，搞清楚你是怎么让自己拒绝改变的以及树立起新的关于金钱的价值观。第一步，要学会说"是"。下一步，完成我们为期3个月的方案，并且愿意按照这个方案去安排你的财产①。

---

① Msmoney.com：理财基本知识 www.msmoney.com /mm/get started/get_started/index.htm；
SuzyOrman.com：资源中心 www.suzeorman.com；
奈特·吉普林格《财物安全的八个关键》，www.kiplinger.com；
贾林·格弗瑞：《我家小孩会理财》。

AFFLUENCE INTELLIGENCE

第 7 章

算一算，你的财务效能有多少

Earn More, Worry Less,

and Live a Happy and Balanced Life

测试C的评分标准：财务效能

针对财务效能的每个部分（财务管理能力和财务心态），都会有一定数量的陈述，你要根据你对这种表述的赞成程度，给每一项打分。评分标准如下，然后将每部分中每一项的得分相加。

答案	得分
我非常不同意	1分
我有些不同意	3分
我有点不同意	5分
我有点同意	6分
我有些同意	8分
我非常同意	10分

在每一种陈述旁边写下分数，然后把你的结果记下来。财务效能的两个方面各有10道问题。把10道问题的得分相加，然后再除以10。（如果你的总得分不是整数，如18.6，那就调高为整数19。）浏览一下8项的

全部得分，找出得分最高和最低的一项。这些数据，反映了你的优点，以及你将来想要关注的方面。

财务效能

1.财务管理能力

_____ 我有一份严格遵守的预算。

_____ 我过着量入为出的生活。

_____ 我为自己和家庭准备了一份应急的后备金。

_____ 我会每月检查我的银行对账单，平衡自己的收支。

_____ 我知道如何读自己的信用卡账单。

_____ 我正在为自己的退休存钱。

_____ 我为如何存钱、花钱和捐赠制订了一份计划。

_____ 我了解美国市场中的一些基本的东西：股票、债券、私募股权投资、互惠基金等。

_____ 我一直都很清楚自己有多少钱。

_____ 我有足够的钱来满足自己的需要和欲望。

_____ 总得分

2.财务心态

_____ 我都是依据认真的分析，而不是一时冲动做出的和钱有关的决定。

_____ 我不会因为自己的财务状况而感到羞耻、尴尬或愧疚。

_____ 我的自尊不是由我有多少钱来决定的。

_____ 我会用钱来自由开心地做自己想做的事。

_____ 我拥有的钱财数量，不会影响我对自己的力量的信心。

_____ 我有权力在家里做出财务上的决定。

_____ 我和伴侣能够就钱的问题自在地进行交流。

_____ 就我人生中大部分重要的决定来说，钱都不是主要的动机。

_____ 就算是在和比我更有钱的人在一起时，我也觉得很自在。

_____ 当和一个拥有很多我没有的好东西（珠宝、房子、汽车）的人在一起，我不会感到自卑或嫉妒。

_____ 总得分

测试C部分的总得分：_____

AFFLUENCE INTELLIGENCE

第8章
是什么让财商冬眠在你心里

Earn More, Worry Less,

and Live a Happy and Balanced Life

一、你的财商底线：认识你的财商调节系统是如何运作的

要是我们只要简单地下定决心愿意做出任何改变，财商就会自动提高，那该有多好啊！可惜事情并非如此。我们每个人都有一套内在的调节机制，为财商设定了一条基准线。这条基准线，即我们觉得什么才是正常的，是由我们的心理、个人经历和文化背景共同决定的。这种调节系统，就像许多自动运行的人体系统一样，通常在我们意识不到的情况下发生作用，让我们的身体和精神维持在一个固定的层次上运行。这个层次或许在你的感觉中是"正常的"，但可能会使你的财商维持在一个很低的水准。最终，这条基准线会影响到你的财商，进而决定你在财商的7个方面能达到什么水平。心理学家认为，每个人都有一个所谓的"快乐恒定点"（happiness set point）。一项研究曾经表明，在严重的意外事故中致残的人们，在事故发生后最直接的反应是愤怒和沮丧；但在18个月之内，他们会渐渐回到事故发生前的快乐水平——那些天生乐观的人仍然是乐观的，那些不怎么乐观的人也并不会变得比之前更悲观。举例来说，你的内在调节机制决定了你拥有多少钱才会觉得安心，或你从和别人的交往中能得到多少快乐，或你能有多爱你的工作。所以，要想改

变你的财商，你需要了解内在的调节系统是如何妨碍你，或调低你对自己的期待的。我们的方案为你提供了很好的工具，来帮助你做出必要的改变，得到你想得到的东西。

不妨把你的调节系统想象成家里的自动恒温装置。比方说你把它设置成了23摄氏度。如果屋子里变冷了，加热器就会启动，让屋子暖和起来；如果屋里变热了，空调就会开始工作，让屋子凉快起来。不管屋外是多么的酷热难耐，还是寒气逼人，只要你对自动恒温装置进行适当的设置，屋里就可以随时维持着舒适的温度。

如果你给自己的财商调节系统设置的指数很高（你有健康的自尊、财务效能，觉得自己配得上这些财富），要是你损失了一些钱，你就会想办法追回损失；如果你把它设置得偏低（你的自尊心不高，缺少财务效能，并且对自己的生活缺少主导权），你就会去寻找各种方法（通常是无意识的）来丢掉这些钱，直到你回到那个对你来说感觉很正常的水平线上，这是你的内部调节机制把你带回到你的基准线。问题是你感觉"正常的"基准线可能并不正常，特别是当你挣的钱根本不够满足你的需要和欲望的时候。所谓"正常"的事物，不过是你熟悉的和意料之内的东西，即便它可能会让你感觉痛苦、紧张和欠上一屁股债。如果你的基准线把"正常"的标准设置得过低，那么你就不能再"相信你的直觉"了，因为它会把你拉回到那种不富足却让你感觉安心的状态中。

假如你的富足调节系统设置得太低，你损失的可能就不只是钱了，你会想办法摆脱各种让你快乐的事情（比如一段充满爱的婚姻），好回到你熟悉的状态（孤独）中。即使你和别人谈起这件事时，相信你是发自内心地相信自己并不想结束这段婚姻。

究其根本，是因为改变总是让人恐慌，就算好的改变也是如此。让我们拿那位中了彩票大奖的客户丹尼斯来做个例子吧。他突然陷入了一种完全陌生的情境当中，出乎意料的是，中奖并没有让他幸福起来。他不习惯拥有这么多财富，而且他认为自己必须用这些钱来改变世界，因此，他总是觉得自己做得还不够。他也同样失去了人生的方向。所以，这个百万富翁的新身份并没有让他享受到快乐，反而让他陷入了焦虑和沮丧。他到国外旅行，就是为了摆脱和那些中奖之前就认识他的人待在一起感到的压力。

在接受咨询的过程中，他和我们分享了一件改变了他对人生看法的关键事情。他的祖母最近刚刚去世。葬礼结束之后，他找到我们说："你们知道，她是一个很单纯的女人，她热爱生活。我也是一个单纯的人。我正在变回我自己，开始重新快乐起来了，因为我又回来做我喜欢的那些单纯的事了，比如踢足球、在当地学校做志愿者，或看望家人和朋友。我不再觉得因为自己有了这些钱，就一定要去拯救世界了。"

丹尼斯的故事是一个答案，说明了人们是如何处理金钱带给他们的不安：他们或者会采取行动，调高自己的财商调节系统的指数（一种正确的回应方式），或者会通过尽快挥霍掉这些钱（一种错误的回应方式）不自觉地调低这个指数。幸运的是，丹尼斯从全新的角度思考了他和钱的关系，这是一种让他可以自在地生活的方式，而这正是前一种方式。

你的财商调节系统，是由一系列不同的因素设置的，许多因素来自童年的经验。比如，如果大人一直向你灌输金钱就是力量，而你天生又不是一个强势的人，你的财商调节系统就会被设置得很低，或许你就像帕米拉一样。帕米拉是一名行政助理，总是抱怨靠着薪水生活的压力太大，说想要挣更多钱。但实际上，她对自己的生活模式感觉很舒服。她的朋友、她的行为、她生活中的磕磕绊绊，甚至是她的抱怨，感觉就像一双穿起来再合脚不过的旧鞋子。她嘴上说想提高自己的财商，却什么也不去做，因为她在潜意识里害怕提高了财商之后，会失去现在拥有的东西。帕米拉生长在布鲁克林一个工人家庭里，4个兄弟姐妹都没有攀上更高的社会等级，她也同样习惯于对自己不抱有过高的期待。你熟悉的生活方式或许有它的局限之处，但这就是你的生活，要让你为了一个陌生的新生活方式抛弃它，你肯定会很不情愿，特别是当你的父母、兄弟姐妹和朋友们都在按照同样的方式生活的话，更是如此。

幸运的是，对于这些束缚你开启财商的恐惧和童年经历，你完全可以挣脱。拥有财商的人知道如何处理过去的经历带来的影响。现在，通过测定你的财商，然后有意识地去改变自己，你也可以拥有这种能力。

在我们看来，不管你如何设置自己的财商调节系统，都无所谓好坏，只要适合你就行。不过，当你读到这本书，你或许会觉得自己的财商调节系统设置得过低了。好消息是，通过重新设置你的财商调节系统，就能开启你的财商。不过，要想真的做出改变，需要付出许多的努力，因为我们的行为方式通常都是无意识的。拿亚历克斯来说，他很想多挣些钱，但就是做不到。当我们和他谈起他的童年，他告诉我们，他的父亲在一家工具制造厂工作了一辈子。和没有办法背叛工人阶级出身的帕米拉一样，在深深的潜意识之中，亚历克斯觉得，如果自己比父亲以前挣的钱多，就是对父亲的背叛，也是对他的不尊敬。

你可以用这个有趣的练习，来了解对于金钱，你的调节系统是如何设置的：让几个数字在你的大脑里过一遍。你对一年挣4万美元有什么样的感觉？7.5万美元呢？15万美元呢？25万美元呢？（让这个数字一直增加下去，如果需要的话可以超过100万美元。）当某个数字出现时，你的调节系统就会启动，不舒服的感觉就会开始出现。找出使你感觉不舒服的原因，正是调高你财商的钥匙，这样你才能习惯挣到更多的钱。

这种对于钱的不舒服的感觉，在拥有财商的人身上是不存在的，或者如果有的话，他们也能很快克服。那些创造了大量财富的人，通常都对自己的财富感到自豪。他们说："我为了这些财富拼命工作，这是我应得的。"这不是傲慢；他们只是认为这是自己辛苦劳动换来的。他们很高兴，觉得自己很幸福、很幸运，最重要的是，他们很自在地面对自己的财富。照我们的经验来看，这些人是受到成就感驱动的，而不单单是钱。钱只是他们成就中一个令人高兴的副产品，也是他们的成功带来的好处之一。

调高你的财商调节系统，意味着改变你的生活。正如我们说过的，改变可能会让你感觉不适。有时候，在感觉变好之前（获得更多的富足感），你必须要经历一段糟糕的感觉（离开你熟悉的事物），从长远的收益来说，这种短期的不适是值得的。

如果你的生活中正经历着焦虑或消沉，尤其是这些焦虑或消沉与你在财商7个要素上的表现有关的话，你要告诉自己：我需要调高自己的财商调节系统。如果你做到了，你的生活就会更符合富足生活的标准。

二、是什么在阻止你调高自己的财商调节系统？

你的心理防御机制，对你的财商调节系统的设定有直接的影响，这种影响既可能是正面的，也可能是负面的。在精神的表面之下，我们都有一些妨碍我们学习和改变的心理防御机制。防御机制是我们用来保护自己免受真实的或想象的压力和负担伤害的方法。它是非常重要的应对机制，对于我们的精神平衡来说不可或缺；但是，它也同样可能成为阻止我们进步，把我们困在原地的心理陷阱，而我们却丝毫察觉不到。防御机制可以让我们的感觉暂时好一点，或帮助我们适应一种紧张的情境，但是也同样会限制我们的选择和可能性。有的防御机制可以改变我们关于什么事情是可能的或不可能的认识。你可以把这些心理防御机制想象成透明程度不同的玻璃，我们用它来防御我们认为有害的东西。有时这些玻璃会太模糊，导致我们根本看不清楚，或者我们会躲在后面故意不去看清楚。不过，在这些防御机制之中，合理化、否认或回避以及更加扭曲的如"分裂"（也就是极端思维），发挥着重要的作用（尽管你根本意识不到它的存在），因为它们可以在精神应付不了现实时保护它，起码可以在短期内保护它。

不了解自己心理防御机制的人，可能会盲目地依赖它，发展出一套理论来为自己为什么可以或不可以有不同的想法，或者为什么可以或不可以改变一种态度或行为提供"理由"。这种人的成长或成功都非常有限。为什么会是这样？或许是因为他们的人生中没有出现过合适的角色榜样或机会；或者是因为没有人教过他们如何学习和发展正确的态度和行为，以及如何克服错误。

每个人在日常生活中都缺少不了防御机制，但是拥有财商的人在防御机制的作用下犯了错误时，他们不会把防御机制作为借口，尤其不会把它当作挣不到更多钱的借口。相反，他们会从这些经历中学习如何更好地控制自己，去争取自己想要的东西。他们理解自己的防御机制，并能够根据自己的需要灵活地进行运用。

而还未开启财商的人，当他们开始考虑改变自己的财商基准线时，就会和自己的防御机制正面遭遇。麻烦的是，这些防御机制是他们保护自我的方式，能给他们提供安全感和对未来的预测；不过，也让他们付出了高昂的代价，即妨碍了他们重新设置自己的财商调节系统。

▌（一）常见的信念和心理防御▌

下面是一些最为常见的、阻止你重新设置自己财富调节系统的信念和心理防御机制（通常都是错综复杂的）：

1. 自欺欺人

我们是谁？从何处来？对此每个人都有自己的一套说法。你可能会认为自己是一个受害人、一个殉道者，认为自己责任感太重或工作太卖命。或者你太忙了，没有时间照顾自己。或者你太聪明了，别人没什么能教给你的。或者你比别人更特别，更值得受到表扬。这种形式的自我对话不仅是消极的，还可能导致你的自毁行为，更可怕的是，它会阻止你去追求你真正想要的生活。我们曾经为一位名叫黛博拉的女士提供过咨询。她35岁左右，精力充沛，在工作上可以说是无所不能。遗憾的是，她陷入了一种先挣到一大笔钱，然后又失去这些钱的怪圈。这种情况在她的人生中最少发生过两次了，她挣到了数百万美元，然后这些钱又全部消失了。

黛博拉告诉史蒂芬："我出生的家庭属于那种挣得多，花也多的类型，而且总是风波不断。我的父亲有过一次外遇，差点把整个家庭撕裂。我的童年完全被一种不确定的恐惧笼罩着，你永远不知道接下来会发生什么。"她从这段经历中总结出的东西——生活永远都是变化的、不确定的——是对的，但这不足以说明为什么她会伤害自己，总是丢弃她得到的东西。她必须明白，她现在的行为，全是她抱定的那种"生活就该是一团乱麻"的信念导致的结果。舒适的感觉和稳定的生活本身就会让她不舒服，这可真是让她大吃一惊。她更熟悉那种混乱不断循环的生活方式。（她曾经说过："没错，我可以算得上是乘坐金钱过山车的女王了。"）但即使认识到了这一点，她仍然不想做出改变，或为她不断失去挣到的钱的问题寻找解决办法。

当史蒂芬告诉她，她所形成的关于自己的错误看法正在阻止她做出改变时，她第一个反应是："你简直想象不到我经历了一个多么可怕的童年。"

史蒂芬说："我能想象到。我只是在问你是否会使用这些信息来解决你现在面临的问题。"终于，他让她看到了那些说法正在妨碍她的成功和她为此付出了高昂的代价；还有，生活也并非是非得一片混乱不可。她必须相信，一种成功和安全的生活，对于她来说不仅是有可能的，而且也是她应得的。

为自己捏造一段虚假的故事，并不意味着那些关于过去的虚假故事不会在今天成为现实。通过反复对自己诉说这个过去的故事，仿佛它是现实中真实发生过的一样，人们会认为自己的人生再没有其他的可能了，或给自己为什么没有发挥自己全部的潜能和能力找到绝佳的借口。这种思想，是一个人人都很容易掉进去的陷阱，也是一种错误的应付现实或自己感受到的压力的方法。

说到金钱和财务问题，人们能找出很多种说法来解释为什么自己没能变成有钱人。他们说："基本上我算是失败了，下面我会告诉你为什么。"他们只挑出一部分真相，但会把这当作全部真相，然后用这部分真相来定义自己；或者他们会用一段生活经历来预言自己未来全部的人生。事情并不是非得如此不可。

了解自己是件好事，但选择性地了解自己的某些方面，却有可能使我们死死抓住自己的问题不放，错误地把自己想象成一个经历过长期压抑或有先天缺陷的人。这可不会把你引向富足，它只会让你认为自己很无能。

2.分离

"分离"是一种通过抑制自己的意识来发生作用的心理防御机制。当我们做了什么让人焦虑的事情时，我们就会把它驱逐出我们的显意识，放进一种类似银行的心理仓库里，等到我们觉得可以应付它了再把它取出来。当我们把任何让我们不安的东西储存起来时，就会忘掉它，至少暂时忘掉它。

在日常生活中，大多数人都少不了要用到这种形式的自我保护。或许就在你读这本书的时候，你的注意力已经飘走，做起了白日梦；或者你在工作的时候，不知不觉就玩起了电脑游戏，或幻想起了自己晚上不工作跑去看电影了。这些类型的防御机制让你从眼下的现实中获得了一点喘息，暂时摆脱了正在困扰你的事，让你感觉自己精力充沛、兴奋异常。和大多数的防御机制一样，如果它只是暂时地让你脱离现实就是有益的；但要是你在工作时间或做重要的事情时精神游离了或者做起了白日梦，它就变成问题了。特别是在关于钱的事情上，要是你"忘记"了做那些能帮你更好地管理和扩展你的金融投资，它就变成一个名副其实的问题了。

通常，当人们意识到忘了查看信用卡账单，或忘了销掉银行账户（并因此蒙受了损失）的时候，都会觉得自己很愚蠢。不过，我们要清楚，分离被用作一种防御手段，这和一个人的智商并没有什么关系。它和一个人的记性也没什么关系。

弗朗西斯是一个聪明、有责任感、能力很强的人，记性也很好。必须打什么电话、参加什么会议，或到杂货店买什么东西，这些她都能记得一清二楚，但她却常常"忘记"给客户开发票。因为弗朗西斯还是个孩子时，大人就告诉她女人不应该关心钱的事，所以她对于财务上的事情总是很焦虑。她下意识地试图通过使用分离，让自己生活在"金钱的混沌"中来缓解这种焦虑。

这种行为，并不是弗朗西斯独有的，许多人都有同样的行为。分离是健康的防御机制中最普遍的一种，特别是在和钱有关的事情上。人们使用这种机制最常见的例子包括：一个男士本来计划向老板申请升职，之后却完全忘了（他相信自己是忘了）这回事，因为有一个紧急的项目占据了他的注意力；或一位女士找到了一份新工作，却忘了续缴自己的养老金。

3.顺从社会和文化的压力

人们都面临着一种强大的社会压力，即必须按照某种方式生活。很多人都会依据自己理解的社会标准做出财务上的决定，好让自己感觉被社会接纳了，或者只是让自己感觉轻松一点。这种所谓的"向邻居家看齐"的压力，要求我们要赶时髦，要酷，要让人们看到我们在对的地方和对的人在一起。关于这种行为的例子不胜枚举，比如为某个重要的活动买一件新裙子（尽管已经有了整整一衣橱的好衣服）或最新款的手机（尽管它大部分的功能你都用不到）。还有你为了确保自己能受邀参加正确的派对，加入正确的俱乐部和组织，不惜花费大量的时间和金钱。你的这些付出有可能是划算的，因为这样做会让你心情愉快，或能给你提供拓展人脉的机会，你可以利用这些人脉来实现你的目标。但这种"看齐"的压力，时常会造成时间和金钱的浪费，那些占用了你的时间和金钱的事并不符合你的核心价值观，也和任何能真正实现你的目标的行动无关。从别人的角度看来，你似乎做得很不错；但如果你为了撑场面而不考虑自己的收入，你很快就会债务缠身。还记得那个建筑师大卫吗？他和妻子承受着"向别人看齐"的压力，结果导致了超支消费，不管大卫多么努力地工作，他们还是感觉挣的钱只够用来塞牙缝。

4.魔幻思维和幻想

真正富足的人能够掌控自己的生活，并能切实地为自己的所作所为承担起责任。与之相反，有些人总是盼望改变能从天而降。这种信念，来自一种孩子式的魔幻思维——盼望着无所不能的父母来挽回一切的错误或损失；盼望白骑士来搭救我们；盼望只要我们大声地说出愿望，愿望就能实现。我们每个人都有孩子的一面，也都免不了保留一些魔幻思维；但要想获得财商，你需要接受这样一个现实：童年、过去，还有关于它们的幻想，都已经结束了。你现在是一个成年人了，必须为自己的人生负责。

最典型的例子是那些一直做着永远不可能成为现实的梦（比如，我总有一天会变成一位著名的小说家）的男人。这是一种"永恒的少年"的心态，另有人称之为彼得潘综合征。这种人怀着一种白日梦，以为某一天事情总会好起来，但实际上他的梦想毫无现实的支撑（比如根本不会有代理商愿意代理他的小说）。在工作上，当人们起草销售或者绩效预测规划书的时候，也可以发现魔幻思维的影子。表面上看起来，规划书很棒，但把你希望发生的东西写下来和采取实际行动让它发生，是截然不同的两件事。

从某种意义上来说，魔幻思维是一种极端的乐观。你对自己和你的未来是如此的乐观，以至于在你的精神世界中，迷人的空想要远远胜过一切现实。所以，当你使用这种思维制订未来的计划时，你的自我感觉会很良好，因为你觉得自己一定会成功。遗憾的是，成功或许永远也不会发生。这种良好的感觉是建立在幻想之上的，在心理治疗中，这被称为"总有一天……只要……"的幻想，它使你拒绝去思考实际上需要做什么，或采取实际的行动，让你的计划变成现实。

我们每个人都具有某种程度上的魔幻思维。做梦是人类的一种天性，把我们自己、我们的状况和我们与别人的关系理想化是很常见的。这是一种天生的防御机制；我们都需要用希望来推动我们的生活继续前进。例如，浪漫的爱情通常开始于一种荒诞的错觉，恋爱双方各自形成了关于对方的一个理想化的形象，但当两人的关系遭遇挑战时，这种错觉却可以帮助他们共渡难关。想象一下，当你对你的伴侣生气时，你是不是仍然会觉得他或她值得崇拜，觉得他或她很迷人，值得你尊重？

说到富足，当人们开始用现实取代幻想的时候，问题就出现了。他们或许会这样想，总有一天我丈夫会挣到很多钱，或者虽然我做生意已经失败了三次，但总有一天我会成功的。他们并没有着眼于现实，或者去反思他们到底是谁，或他们的现实情况怎样。他们也没有制订一个现实的计划，也没有考虑为了让理想或幻想变成现实，必须要付出哪些艰苦的努力。

5.执取

执取是来源于佛教的一个概念，指的是人们寄希望（或渴望）外物或别人来养活他们，让他们高兴，让他们自我感觉良好，让他们变得完美。就像对消费上瘾的人一样，执取也可能变成一头永远处于饥饿状态的野兽，它的饱足感永远是暂时的。医学博士汉克·维纳在喜马拉雅山区生活了20多年。在此期间，他和西藏的喇嘛们就"健全的心灵"的本质进行了多次面谈，为我们留下了许多有用的启示和医疗实践：

> 佛法修行的目的，是洞悉你的灵魂在每时每刻的真实本性。为此，佛教区分出了人类的两种精神活动：一种称之为我执，另一种

称之为无我。对于大多数人来说，我执体现为一种我们都很熟悉的行动，即在认识某种经验的过程中，我们不可避免地要运用一些已有的观念去定义它。在佛教术语中，这称之为我执，每当我执"执取"了一种现象，它便把从这种现象中获得的认识添加到资料库中，这些不断累积的不同认识会形成一种"概念层"，这种概念层会阻碍我们认识自己灵魂的本质。具体说来，我执会通过将三种不同的概念投射到一种现象上去理解：（1）身份意识；（2）感情；（3）心理投影，这些都是人们心理活动中重复运用的习惯性思维。当我执去评判、压抑、指派、遵循它自身的想法和感觉时，也会将这些概念投射到自身之上。

无我，则正好相反，它可以让你认识自己的本性，因为它并不会陷入"执取"之中。在佛教的术语中，无我可以使你认识到自己灵魂的无知，并因此获得对于自己本性的感悟[①]。

用心理学的话来说，我们如何执取，以及我们执取了什么，是被我们大脑中一些经由某些行为的不断重复所形成的习惯所引导的。习惯是人类生活中最重要的向导（18世纪的经验主义哲学家大卫·休谟也曾这样说过），但大脑并不在乎这些习惯是好还是坏，它只是尽力维护这些熟悉的行为模式。缺少财商的人会无意识地却强力地去保护他们所熟知和习惯的模式，不管他们是瘾君子、工作过劳的律师，或是失意的家庭主妇或家庭主夫。

6. 否认

否认不能说是一种完全负面的防御机制。有时候，为了保护自己免受某些当下应付不了的事情的伤害，我们会暂时采用否定的措施，比如当你面对自己的癌症诊断书的时候。这种形式的否认可以帮助我们强打起精神去做需要做的事情，而不是被某种现实打击得不知所措。

---

① 汉克·维纳：《与作家们的私人通信》，2011年。

你是否拥有财商，会导致否认这种防御机制在生活中扮演不同的角色。比方说，一个人的妻子威胁说要和他离婚。他可能会调动一定程度的否认心理，来否认眼前发生的事。如果他缺少财商，可能会认为妻子不是真的要和他离婚，他会否认问题的存在，并且不会采取什么补救措施，结果，他在无意间加速了离婚的发生。但如果他是个拥有财商的人，他会说："我可不想离婚。我该怎么做来挽救这段婚姻呢？"他没有急于否认问题的存在，而是试着去了解妻子的感受（假设他没有陷入负面的反思或诸如绝望之类的感觉之中），这使得他能够采取行动寻找他们之间的问题，修复好这段婚姻。否认会帮你把一些感觉赶走，但有些感觉可能是值得你注意的重要信号。准确地解读这些信号，你才有机会采取积极而有效的行动。

如果一个人缺少财商，或许会否认当前的经济形势已经失控了，意识不到他已经处在破产的边缘。他会说，股市还会再上涨，我们过得会越来越好。相反，拥有财商的人会准确地认识这种形势，而且知道该如何面对现实和采取行动。

7. 回避

和否认比起来，回避更容易被人察觉到。当你使用回避作为一种防御机制时，你很清楚自己不想去处理某个问题或情况。举个回避的例子来说：你知道自己需要去看牙医，但你不想去，当然你就不会去和诊所预约。而要是你使用否认机制，不管你的牙齿只是需要清洗一下，还是你的牙齿真的有问题了，你都会想：我的牙齿很好，我根本不需要看牙医。

让我们再看另外一个例子："我的老婆让我很生气，不过我是不会跟她讨论我们的问题的，因为说了也没什么用。"或者，在工作的时候，你可能会回避处理某个工作上的问题，因为你不喜欢被人质问，也不想去和老板打交道。在这两种情况中，你都明白有些事情需要你做，你却没有采取行动，只是让这种情况原封不动地继续下去。

我们那个买彩票中了大奖的客户丹尼斯，他回避了自己对于这些从天而降的财富的感觉。围绕这些钱产生的不适感，让他也对其他人采取了回避。中奖后的第一年，为了不受到任何人的打扰，他一直待在国外。他不知道该对人们说什么，或怎么使用他的时间。所以他通过回避任何可能出现的尴尬情形，来处理他的不适（或者，更准确地说，他根本不去处理这种不适）。

那位建筑师大卫，也对许多确切无疑的事实采取了回避的态度：他过去所做的职业选择如今对他已经不适用了；他和妻子花的钱比挣的还多；他所取得的成就算不上多么成功；"做对的事"本身已经不是对的事了。

8.极端思维

极端的思维和感觉是一种自我保护的方式，是一种被心理学家称作"分裂"的防御机制。采用这种思维的人，常常把自己或他人想象成要么极端的好，要么极端的坏。有时候，使用这种心理机制的人只会看到自己犯下的错误和罪恶，拒绝看到好的一面。在最极端的情况下，一个曾经深爱过的人也会变成敌人。例如，一个采用极端思维的人或许会因为一个多年好友的一次背叛（或他自以为的背叛），而和他断绝友谊。而在另一种极端的情况下，一个人会把新结识的情人或老板当成完美的救星，或"一直在苦苦寻觅的"另一个自己。

当我们处于压力之下，我们尤其喜欢采用这种非黑即白的思维模式，把世界看作完全是由英雄和恶棍、赢家和输家、罪犯和受害者组成的。对于孩子来说，这样看待世界是很正常的；但随着我们从青春期进入到成人阶段，这种思维模式就应该被抛弃掉。我们应该培养自己整合的能力，使我们能体验自己身上以及和他人交往时产生的各种感觉和想法。拥有整合能力的人明白，情感关系是很复杂的，是由很多不同层次的灰度组成的，而不是只有黑色和白色。缺少整合能力的人，常常会采用极端思维的防御机制。当他们受到挫折的时候，就把别人看作恶棍，并把一切错误都归罪到他们头上，通过这样做，他们可以将自己从发现缺陷和承认错误的痛苦中解脱出来。

拥有财商的人通常更愿意把人们和生活本身，看作由不同的灰色组成的，而不是只有黑色和白色。罗恩，我们在第2章中提到的那个好人缘的家伙。即便是在人们使他失望之后，仍然会假定他们是无心的，并会再给他们一次机会。当他承受着压力的时候，也会暂时采用极端的观点去看待某个人或某个问题。不过，他很快就能意识到这种想法是错误的。作为拥有财商的人的典范，当罗恩发现自己把某些事情看成完全由黑色和白色的因素构成的时候，他从不轻易相信这些看法。他知道，看到那些灰色的区域可以让他在考虑任何问题的解决方法时更加灵活，有更多的选择。他也知道，即使他真的被一个朋友或同事伤到了，但把自己宝贵的精力用来妖魔化这个人，只不过是一种浪费。

并不是说拥有财商的人从来不会有极端的思维。任何人只要处于压力之下，不管他的能力如何，都会有使用心理防御机制的倾向，这和我们的自主神经系统所做出的"迎战还是逃避"的反应类似。如果你感觉自己被逼入了死角，并且感觉自己真的大难临头，你要么会用任何你能抓住的东西进行攻击，要么会尽可能地逃得远远的。正如我们常在我们的客户身上看到的，当男性挣到了一大笔钱，然后和妻子在使用这些钱来做什么上产生了很大的分歧时，他们可能会陷入非黑即白的思维方式，比如，"我为什么要让步呢？钱是我挣的，我想怎么花就怎么花。"他们可能会被这种极端的想法蒙蔽了双眼，看不到黑色和白色之间的中间地带和渐变的层次。然而，他们完全可以做到尽快脱离这种极端思维，寻找到一种更加温和的解决方法。

9. 投射

所谓投射，是指把关于自己的某些让你感觉不舒服的东西，或某种会被批评的行为转移到他人身上。想象一下，那些枪杀提供堕胎服务的医生的人，会声称"杀人是错误的"。

坦白地说，投射就是将责任推诿给他人。例如，一个男人可能会说："要不是我的妻子花钱这么上瘾，我们早就存够退休的钱了。"一个女人可能会说："要是我丈夫在工作的时候这么做，他早就升职了，我们的生活也就更有保障了。"他们对对方的批评，并不是真的和妻子买了什么或者丈夫在工作中做了什么有关，而是关于他们自身的恐惧、焦虑和对未来的担忧。这是一种试图把对自己的一些无法接受的想法和感觉的指责转嫁到别人头上的行为。通过把责任撂到另一个人肩上，我们就从焦虑、不合格或愧疚的感觉中解脱了出来，不这样做的话，我们就得对付这些糟糕的感觉了。

指责外界那些我们无法控制的，对我们的生活产生影响的力量，并不属于投射。国家的经济发展状况，对于我们个人的经济生活会产生影响。如果你或你认识的某个人，因为经济大衰退丢掉了工作或房子，你就会知道这些外界力量的破坏性有多么强大了。这些损失属于外力导致的结果，并不是个人使用防御机制造成的。实际上，当你失去了工作，千万不要过于自责，特别是当公司要精简规模裁员，而不是因为你的表现不好才失业时。当你处于这种环境之中，对导致你走到这步田地的经济形势发点牢骚，这是一种由社会因素引发的无力感，不能算是投射。当我们讨论投射的时候，我们要讨论的是那些总是把自己的贫穷或失败的责任派到别人头上的人，也就是那些认为他们之所以挣不到钱或得不到幸福，是因为他们的配偶、父母、老板等的人。

我们所有人，包括那些拥有财商的人，偶尔都会成为这种防御机制的牺牲品。我们的客户丹对他的妻子采用了投射的心理，他认为她管得太严了，让他在自己家里就像坐牢一般。比如，丹在工作上是一个很强势的人，每天都要决定工作上的很多重要事情，但在家庭事务上，他却有一种倾向，把他控制自己生活的感觉投射到妻子身上。然而，正如我们在那些已经开启了财商的人的生活中看到的那样，像丹这样的人，最后还是会掌控他们的生活、承担自己的责任、迈出前进的脚步的，而不是简单地把他们不舒服的感觉投射给别人之后就算了。

10.个人经历的影响

我们每个人都会根据自己过去所有的经历，形成一种关于我们是谁的认识。精神分析理论提出，我们关于我们是谁以及我们在寻找什么的认识之中，有一部分可以称为"过去的萃取物"。有时候，这种萃取物对我们来说是有用的。比如，如果你有一个高素质的父亲或母亲（一个好的倾听者、一个有爱心的人或一个关心你幸福的人），你可能会把他们身上的某些优良品质作为你选择配偶的标准①。另一方面，由于习惯和大脑中根深蒂固的思维模式的力量，你的萃取物中可能会包含一些你熟悉的却负面的东西。这一点，我们在一些成年人身上看到过。他们小时候曾经受过虐待，现在便用同样的方式虐待自己的家人。比如，在一个酗酒的家庭里长大的女孩，成年后可能会再建立一个酗酒的家庭。

你所经历的童年或青春期，会强有力地影响你成年之后对自己的感觉。如果你小时候家庭并不富裕，等长大后挣到了很多钱，你就会产生严重的焦虑，因为这让你远离了你的出身。通常，你会有一种回到你所熟知的状况（也就是贫穷）中去的冲动。个人经历对一个人（通常是女性）产生影响的另一种方式，是如果他们在小时候被教导不应该和钱扯上关系，或是谈论、思考钱的事都是不合适的，等到他们长成大人在面临财务问题的时候，可能会产生巨大的焦虑。这可以解释为什么有人在生活中的其他方面都很能干，但却不知怎么在面对钱的问题时，就变得茫然不知所措了。开启财商的一个关键，就是要了解和管理好那些我们在人生中听过的或模仿过的与钱有关的信息和故事。否则，我们就不得不被过去支配，或只能对过去做出消极的反应了。

---

① 关于这个话题更多的细节，可参考古德巴特和瓦林的著作：《测绘心灵地形图：激情、敏感和爱的能力》。

（二）否定金钱在文化上或宗教上的信仰

除了个人经历，你所接受的文化和宗教信仰也在你的个性发展中扮演了重要的角色，特别是在和钱有关的方面。你可能会因为小时候被教导用钱来享乐是有罪的，结果就做不到享受金钱。你能用钱来给自己建造庇护所，养活自己，但不能用它来享受，用它来创造，或用它来学习。

文化和宗教为地球上的许多人（即使不是绝大多数的人）提供了一套有组织的关于金钱的信仰。对一些人来说，金钱只属于上帝，应该通过慈善的形式还给上帝。有一些文化明确规定了金钱在生活中的角色，这给人们处理金钱引发的情感挑战提供了一种有用的方法。不过，有些文化信仰会使得人们把他们的财商调节系统设置在很低的水平上。比如，"金钱是万恶之源"这种信仰就会在人们心里早早埋下对金钱的焦虑和罪恶感的种子，让人们更容易做出自我挫败的行为。顺便说一句，圣经中的原话是"爱财是万恶之源。"正如我们说过的，真正富足的人懂得享受挑战、追求和争取成功的游戏。他们对钱的爱，并不是他们做所有事情的唯一动力。

问题并不在于你的信仰是正确的，还是错误的。所有的文化和宗教都有自己的美妙和智慧之处。问题在于你是如何在不知不觉中使用了这些信仰来阻止你调高自己的财商调节系统的。例如，文化的或宗教的信仰在我们从事一些看似与之相悖的事情时，就会发挥非常强大的作用，我们可能会用罪恶感和沮丧来惩罚自己，或采取某些自我毁灭的行为。

拥有财商的人，懂得如何利用、克服和超越所有限制他们的信仰。宗教或文化的信仰值得尊重，但这种尊重不能成为他们开启财商和过上富有、快乐生活的障碍。

1.仇富心理

如果你对富人有一种负面的感觉（不管是显意识的还是潜意识的），你极有可能会用一些无意识的方式来破坏你获取财富的努力。遗憾的是，这样的信仰实在是太普遍了。

乔安妮·布隆夫曼在她的博士论文中，就仇富心理为什么如此普遍给出了一种解释："富人被概念化成了没有人性、个性或缺点的对象。"她接着说道，"这种对于富人的对象化，可以帮助人们心安理得地接受自己的嫉妒和憎恨的感觉，而且可以使他们拒绝承认他们关于财富的谎言和偏见都是虚假的。举例来说，他们不会相信有些富人可能是受到了痛苦和恐惧的驱动而去追求财富的，而是认为这些富人是受到傲慢和贪婪驱动的。"如果你对有钱人也抱有这种负面的感觉和观念，那么你就可能会在无意识中破坏或阻止你重新设定自己的财商调节系统。

可能你已经发现了自己和拥有财商或缺少财商的人有同样的行为，也可能两者兼而有之。如果是这样的话，你可以好好表扬一下自己，因为你起码对自己的行为有了清晰的了解，这代表着你已经迈出了第一步。现在，你的任务是不带任何主观判断（但可以带有稍许疑惑地）去观察你的精神是如何运行的。这种方法，与一个人在学习如何冥想，或改进高尔夫球技时专心观察自己的大脑是如何工作的方式非常相似。

如果你发现自己正在使用某些可能会妨碍你进步的防御机制，先别急着下结论。让我们打个比方，假如你不喜欢冒险，那么造成你不喜欢冒险的原因可能有好几个。或许是因为冒险的想法让你感到害怕；也或许是因为你的个性中缺少冒险的因子；也或许是因为冒险不是你的强项。这算不上什么必须得克服的缺点。记住，从某种意义上来说，防御机制对于我们保持心理平衡是必需的。它们可以保护你免受那些无法处理的事情的伤害，并且防止你过分冲动，不分青红皂白地就把事情全部否定掉。

至于应该在什么时候采用哪种防御机制，以及如何使用它，首先你需要确定自己的基准线，即你惯常采用的处理工作和个人生活压力和变化的方式。没错，当你遇到了困难，或在和自己的配偶、孩子有了冲突的时候，你偶尔可能会向某种防御机制求助。几乎每个人都会如此，但要是你已经冷静了下来，或者发现威胁并不像你当初想象的那么严重，你还会继续抓住某种负面的防御机制不放，或还会用那么极端的方式使用它吗？

　　简而言之，你的防御机制是一柄双刃剑。一旦你明白了这一点，你就能够通过衡量它带来的好处和坏处，理智地判断出它到底对你是否有用。总而言之，你应该对自己正在做什么，以及为什么要做这件事保持清醒的认识。你的目的是为了有效地管理你的防御机制，好让你能更好地发挥自己独一无二的能量，更好地去克服那些妨碍你改变的障碍。现在，我们将为你送上一些工具，帮助你改变那些阻止你获得渴望的富足生活的行为。

AFFLUENCE
INTELLIGENCE

第 9 章
来吧！看看你的财商有多高

Earn More, Worry Less,

and Live a Happy and Balanced Life

我们遇见的那些过着真正富足生活的客户，对于制订和遵守计划的重视程度，着实令我们吃惊。他们用计划来应对变化，竭尽所能地掌控着自己身处的环境（尽管他们也知道要做到完全掌控根本是不可能的）。

而那些还未开启财商的客户对计划的漠视，也同样令我们印象深刻。他们更习惯于被动地反应，而不是主动地计划，有时候干脆什么反应也不做。当然，被动也有可能会让你成功。你可以什么决定也不做，等着看世界能给你送来什么，这也可以算得上是某种计划，而且对某些人来说这种计划很有价值。

你可能认识一些不喜欢制订计划的人。他们喜欢顺其自然，随波逐流，或相信要是注定发生什么事情，那它迟早会发生。如果这种生活态度让你过上了富足的生活，那它就是有益的；但如果没有，你还是生活在贫困和不满之中，那么不制订计划可能只是你的魔幻思维和否认的防御机制的一种延伸而已。

尽管有时候，当我们试着放手让事情顺其发展时，会有奇迹出现，但这种概率毕竟是很低的。不制订计划很容易就会变成一种逃避行为，逃避制订和执行计划所需的艰苦的工作和复杂的判断。

我们所认识的大多数富足的人，尽管他们也乐意接受各种意想不到的机会，以及世界赐给他们的任何东西，但他们绝不会指望有馅饼砸到自己头上，因为被动地等待"什么事情"发生改变，通常都只会变成没有尽头的等待。

相反，他们会制订一个具体的、随着时间的推移不断调整和完善的计划。我们为期3个月的计划，可以使你开启财商，让你获得那种像我们的客户过上幸福和成功的生活的能力。

当你开始掌控自己的人生，实施这个计划，你就会找到一种属于你的独一无二的方式，并在生活中实现财商的7个方面。到那时，就像我们前面不断提到的霍华德一样，你会发现有什么"特殊的东西"让你的脸上绽开微笑，让你的心灵变得透亮，让周围的人都公认你拥有了财商。

计划的第一步，应该是确定你的财商，即你在前面做过的3部分测验的得分总和。

这个分值，是对你的态度、行为、财务效能以及实践你最重要的优先事项的能力的综合反映。首先，让我们来看一下这个分值的意义。

A部分的总得分

B部分的总得分

C部分的总得分

你的财商 （AIQ）

一、评估你的AIQ得分

140分以上　你已经完全开启了你的财商！

120~139分　你拥有雄厚的资源，对优先事项的安排非常合理。

110~119分　你的资源和对优先事项的安排属于平均水准。

90~109分　你的资源和对优先事项的安排属于平均水准。

80~89分　你的资源和对优先事项的安排很弱。

70~79分　你的资源和对优先事项的安排很弱。

┃（一）概述：得分在高段（120分以上）┃

恭喜！你是财商最高群体中的一员。你已经开启了财商，你的日常活动反映了你的优先事项，并且给你带来了满足感。你在富足的大多数方面都做得不错，比如有足够的钱来满足你的需求和欲望，有给你带来欢乐的人际关系，做着你喜欢的工作，有安全感，有力量，生活有意义和目标，身心都非常健康。你的财商调节系统设定得很高，这意味着对于绝大多数事物你都是抱着积极的态度，能够灵活地应对变化，对生活总体上是满意的。你的心理防御机制能为你发挥有益的作用，而非有害的。尽管你可能在行为、态度或财务效能的一些方面存在着缺点，但你其他方面的优点能够很好地弥补和平衡这些缺点的影响。这个分数表明了你对生活的满意度很高，拥有一种富足的感觉；但如果你感觉自己并不像分数显示的那么富足，那你应该好好地想一想自己擅长的领域，特别是在这些领域里取得的让你对人生感到满意的成就。你还可以回过头来看看那些你得分不高的行为和态度，在这些态度和行为上做出改进，提高你的得分。

此外，你可以再读读第8章，看能不能发现某些阻挡你前进的因素。

（二）概述：得分在中段（90~119分）

你的财商得分属于中等。好消息是你拥有很多独特的优点，你很清楚这些优点是什么，也可以很熟练地使用它们。千万不要低估你拥有的这些优点，或忽视它们的存在。对你来说，发挥这些优点当然不是什么难事，重要的是你应该明白，你是这些优点的主人，你应该有意识地使用它们来迎接挑战和机遇。俗话说得好，上帝给予你某种天赋自有他的理由！我们应该学会接受自己所有好的方面，下定决心去提高自己的财商。可能你的优先事项安排并不像你希望的那样合理。那就认真地把理想和现实做一番衡量，然后对你的缺点做一番长期严格的检视，它们可能正是你前进道路上的障碍。针对某些得分很低的态度和行为，你可以通过努力改进来提高得分。这样一来，你的财商也就随之提高了。

你拥有的优点越多，你就越有力量来更有效率地应对生活的各种情况。取得了这个分数，你可以选择安于现状，也可以选择改变那些妨碍你进一步开启财商的态度和行为，让生活有更多的选择，让自己更有机会获得成功。

（三）概述：得分在低段（低于90分）

虽然你平时做了很多能反映优先事项的事，但显然还有很多你想做却没有做到的事。你的分数表明你的现实生活和梦想中的生活之间存在着很大的距离，也说明某些态度和行为妨碍了你实现梦想。要想获得更高的财商，你必须做出改变。好好分析一下你的分数，看看哪些态度或行为值得你认真地考虑和关注，是财务心态、心理韧性，还是抱负？你要像活动那些从未使用过的肌肉一样考虑这些态度和行为。问问自己，你为接下来的3个月或1年制订的目标是否现实。复习一下第8章，想一想你的心理防御机制是如何满足你的需要的，或给你带来了哪些负面影响。当你确认了这些不好的防御机制或行为模式，再考虑下怎么去改变。记住，你的得分很低，并不是说你的智商也很低，它只是说明了你的人生还有很大的提升空间。

还有一种情况是，你的得分很低，但你更愿意维持现状，对现状也很满意，不愿意承受更多的压力或做出改变。那你要做的就是欣然地接受你所拥有的，并心存感激。首先，想一想是哪些内在的或外在的压力要求你做出改变。你可能对生活的期待过于理想化了。或者，你可能在做财商测试的时候对自己太挑剔了。那就重新检查一下你的答案，看看是不是这样。

记住：

• 如果你的财商过高或者过低，可能是因为你在评估自己时过于骄傲和积极，或者过于谦虚和消极。我们建议你请一个亲密的朋友、伴侣或配偶站在你的角度也做一遍测试。你可以把你的结果与他的结果做一个对比，你们的得分相加后得出的平均分会更加符合实际情况。

• 防御机制：既然你已经清楚自己的优点和缺点，阅读第8章中关于心理防御机制的内容会让你受益匪浅。问问自己：

› 我的防御机制是怎么帮助我去认识作为一个个体的自己，以及我所拥有的独一无二的特质的？我的防御机制是如何帮助我应对压力和改变的？哪些防御机制在我的日常生活中发挥着好的作用？

› 某些防御机制是如何妨碍我获得财商，让我一直被陈旧的思维和行为模式束缚的？

你必须明白，那些曾经对你有用的防御机制，有可能已经不再适合现在的你、你的目标以及你对未来的渴望了。

接下来，我们来看看两位客户的故事，他们中有一个人的得分属于中等，另一个则得分较高。

（四）凯蒂

测试A部分：生活的优先事项　　　30分

测试B部分：行为和态度　　　　　57分

测试C部分：财务效能　　　　　　9分

　　　财商（AIQ）　　　　　　　96分（中段）

表1　测试A部分：凯蒂的生活优先事项及测试得分

	步骤1：今天	步骤2：从今天起一年里	步骤3：不同
安宁	6	5	1
效率（工作）	2	3	1
效率（其他）	1	1	0
热爱	3	2	1
成功	4	6	2
人际关系	5	4	1

步骤4：计算步骤3得分为6，按标准换算为30分

表2　测试B部分：凯蒂的行为和态度测试得分

	得分
1.心理韧性	6
2.自信	9
3.人际效能	9
4.努力工作和实现目标的能力	6
5.乐观	6
6.好奇心和开放的心态	9
7.掌控自己的人生	8
8.抱负	4
总得分	57

表3　测试C部分：凯蒂的财务效能测试得分

	得分
1.财务管理能力	4.5
2.财务心态	4.5
总得分	9

凯蒂今年48岁，是一位单身妈妈，她在一家社会服务机构从事管理工作。她的个性活泼，社交生活丰富，善解人意又亲切随和。很多朋友都把她视为值得信赖和依靠的人（这反映在她在排列优先事项时，给予了人际关系很高的位置）。她花了很多时间来维护自己的关系网。

她的收入刚好能够和支出相抵。和很多人一样，她也在大衰退中受到了一点影响，失去了很多重要的家当。她为女儿上大学存的学费也打了水漂，她很担心将来会供不起女儿上大学。

从10多岁起，凯蒂就知道自己将来想要从事救助行业，为那些陷入麻烦和贫穷中的人提供帮助。在这个领域已经工作了20年，凯蒂觉得，考虑到公共部门职位的稀缺性，她算是捧上了铁饭碗。她喜欢和人打交道，但职业上升的空间却很狭小，也没什么机会拓展自己的技能。因此，她开始对工作感到有点厌烦了。为了多挣点钱，她开始做动物训教，这反映出了她对动物的热爱。

凯蒂有个梦想，她希望将来退休后能搬到乡下去。她想买块地，在一个有很多朋友的社区里建一所简单的房子。但现在，她的50岁生日越来越近了，她却离自己上面的目标越来越远了。5年前，她结束了一段长达15年的婚姻，但还没找到新的生活伴侣。她希望自己的内心能更加安宁。她想以后能够多关注自己的健康，因为她的背部一直有些毛病，希望自己能多练习瑜伽和接受按摩治疗。她和女儿的关系很好，女儿还在上高三，但很快家里就要剩下她一个人了。

凯蒂从来都不太擅长理财，她一直抱怨自己挣得太少，不过钱对于她来说，从来都不是特别重要的优先事项。她也一直搞不清楚她的大部分投资都有什么用。凯蒂在开放性心态和人际效能上的得分很高，这也正好和她选择在咨询或人际关系领域工作的情况一致。令人困惑的是，虽然她有很高的自信，但在接替了老板的位置之后，她并没有要求加薪。这或许是因为她在财务效能上较低的得分，以及她对自己的优先事项的看法影响了她的自信。她很干脆地接受了管理部门的说法——单位的预算不足，无法给她加薪。这体现在了她在抱负上的得分很低，这也会阻止她要求加薪。

显然，如果想要获得成功，凯蒂需要提高自己的财务效能。和我们大多数人一样，凯蒂做出的职业选择反映了她所拥有的优势，但这并不是一份能够让她取得多么大成功的工作。这种情况并不罕见，很多人都会从事一份做起来觉得舒服且能够满足自己的温饱，又不会让他们的账户存上很多钱的工作。

尽管她有很强的自控能力，但在心理韧性和努力工作两项上的得分，却值得她好好注意，因为她在这些方面的表现可能会决定她是否能如愿以偿地改变她的优先事项。凯蒂意识到，如果挣不到更多的钱，她的梦想就不可能实现，但通常她决定什么事情时，根据的都是这件事的意义和目的，而不是能不能挣到钱。现在，凯蒂正站在一个十字路口，她需要在如何分配她的时间和精力上做出选择。她会愿意改变生活中的优先事项，把人际关系和爱好放到更低的位置，腾出时间和精力来追求更多的经济上的成功吗？

（五）大卫

测试A部分：生活的优先事项	20分	
测试B部分：行为和态度	62分	
测试C部分：财务效能	16分	
财商（AIQ）	98分	（中段）

表4　测试A部分：大卫的生活优先事项及测试得分

	步骤1：今天	步骤2：从今天起一年里	步骤3：不同
安宁	5	2	3
效率（工作）	3	6	3
效率（其他）	1	1	0
热爱	2	5	3
成功	4	3	1
人际关系	6	4	2

步骤4：计算步骤3得分为12，按标准换算为20分

表5　测试B部分：大卫的行为和态度测试得分

	得分
1 心理韧性	9
2 自信	6
3 人际效能	7
4 努力工作和实现目标的能力	9
5 乐观	7
6 好奇心和开放的心态	8
7 掌控自己的人生	7
8 抱负	9
总得分：	62

表6　测试C部分：大卫的财务效能测试得分

	得分
1 财务管理能力	9
2 财务心态	7
总得分：	16

大卫（我们在第1章中提到的那个建筑师）的情况与凯蒂不同。

凯蒂是因为工作的性质挣不到太多钱，而大卫挣钱的潜力要大得多。他的财商测试结果显示，一些特定的态度和行为妨碍了他开启自己的财商。尽管他很有抱负，工作起来也很卖命，却感觉生活越来越脱离了他的掌控。大卫在人际关系的处理上有些问题，这给他带来了不少的困扰。在工作的时候，他经常要被迫维护自己的权益；他也很不擅长处理自己的感受，特别是和别人发生冲突时尤其如此。他在乐观和自信上的得分说明了他在这两方面存在缺陷，这让他很容易失去希望，也不愿意去冒险。虽然大卫懂一点会计知识，但他在处理和钱有关的事情时也并不轻松。就像在第1章描述过的，他觉得挣的钱还不够多，这让他感觉到，要想在生活方式上和周围的邻居保持一致有些吃力，而且他觉得自己没有办法满足妻子的物质需求。大卫想要重新设置他的财商调节系统，提高对内心的安宁、成功和热爱的重视。

他的财商测试结果显示，他在行为和态度上的各种缺陷相互串联，形成了一场激烈的精神风暴，让他觉得很焦虑，觉得自己很失败。他所过的生活似乎和他毫无关系，在这场反映不出他是谁和他想要什么的生活中，他只不过是一个无关紧要的人。

大卫看到自己的测试结果时很是震惊，不是因为他看到了自己的优点和缺陷，而是因为他意识到了无论是在家庭还是在工作上，他完全是在作茧自缚。他看到自己失去了选择的能力，自己的人生失去了方向。他的焦虑和消极态度让他失去了希望，也失去了睡眠。大卫认识到，自己需要做出改变，否则，只能眼看着他的世界一点点地继续堕落。

所以，大卫决定，是时候提高他的财商了。用他的话来说，就是"我不能再这样活下去了。我拼命地向前奔跑，实际上却是在原地兜圈子。我累得膝盖发软，却到不了我想去的地方。至少，我可以试着发挥自己的所长，做些我喜欢的事"。

　　我们向凯蒂和大卫解释，财商和智商不同，智商是天生的，不可改变的，而财商却是可以改变的。听到这里，他们都很兴奋。而你，也有可能提高自己的财商。请接着往下读。

AFFLUENCE INTELLIGENCE

第10章
制订一份适合自己的财商计划

Earn More, Worry Less,

and Live a Happy and Balanced Life

既然你已经知道了自己的财商，并且了解了哪些心理防御机制和信仰可能会妨碍你；那么，现在是时候制订一个开启你财商的计划了。我们会引导你完成一个为期3个月的财商计划，这是一个分步完成的方案，教你用正确的方式改进你的财商调节系统。在这个计划中，包含了我们从那些非常成功的、过着富足生活的客户身上找到的经验。

一、准备阶段：采取行动前

树立正确的心态是成功的关键。要让目标和行动协调一致，这样你才能采取清楚的、有目的的措施去实现目标。在开始前，我们会向你提出一些要求，这也是我们对每位客户都会提出的要求，那就是请你进入"隐居模式"，即暂时（至少3个小时）从电话、电邮、日常活动中摆脱出来，暂停做任何与钱有关或和生活方式有关的决定。这样做的目的，是给自己一点时间和空间，去彻底想清楚你真正的想法和感觉，而不是别人希望或者期待你去想和去感觉的东西。

具体说来，我们会要求客户：

• 从你的日常活动中抽身出来，放松，考虑一下你的财务状况，还有你生活的总体面貌。不要让你定义为正常的东西限制你，要自由地思考和反省你对金钱和生活的态度、信仰和期待。

• 想象现在是3个月以后。回顾一下过去的这3个月，你觉得应该在这段时间里完成什么事情，才不会让自己感到遗憾？

• 想象现在是1年以后。回顾过去的这一年，你觉得应该在这段时间里采取哪些行动，才不会让你对现在的自己感到遗憾？

• 想象现在是10年之后。回顾过去的10年，你应该在这段时间里做点什么，才不会让你对现在的自己感到遗憾？

当你暂时停止对自己的批判和审查，允许自己自由地梦想（不管是3个月、1年还是10年之后你和你的生活），那么你发现的东西绝对会让你震惊。在摆脱了你和其他人对你的审判和期待之后观察自己的生活，你会对自己有更多全新的认识。

我们有过这样一位客户，他在父亲去世后继承了家里的产业。那是中西部一座小城镇里的一间药房。城镇里的每一个人，包括他的家人，都期待他能很好地继承这家药房。一年之后，他感到有些厌倦和困惑了。尽管他一直盼望着经营药房，而且说实话这也算是一份令人满意的工作，他却说："这不是我想要的生活。"当他询问3个最亲密的朋友他应该怎么做时，他们的回答一模一样："你热爱户外的活动。你热爱建造东西，而且你在这方面很擅长。如果你的父母没有为你提供这个现成的工作，你会去做什么呢？"于是，他考取了承包商资格证和房地产从业资格证，开始向着成功的房地产开发商的方向奋斗。新的人生计划让他可以"做他喜欢做的能够废寝忘食的工作"，并且让他"挣到足够多的钱来满足自己的需求和欲望"，这两个都是财商的要素。

一定要给自己找一个财商合作伙伴。正是朋友们及时的支援，让我们的这位客户从找寻正确的职业道路的茫然中清醒了过来。你没有必要完全依靠自己来实施你的计划。我们建议你选择一个可靠的朋友、伙伴，或同事来监督你实施计划。你和你的财商合作伙伴，应该每周就你的进展进行一次简单的回顾，并对你在执行过程中遭遇的困难进行讨论。最重要的是，他应该同情你并让你保持诚实。这句话的意思是说他不但要有一只同情的、善于倾听的耳朵，而且也绝不会让你为自己没能遵守计划去编造借口。

二、制订属于你的3个月财商计划

下面的几个步骤，会以你的财商为基础，利用你对阻止你获得富足感的因素的了解，来帮助你改进自己的财商调节系统，让你过上富足的生活。

(一) 第一步：列出你希望改变财商的哪些方面

- 优先事项
- 态度
- 行为
- 财务效能

让我们从你在第9章中的财商测试的结果开始。看看你的优先事项列表，根据你希望接下来3个月这些优先事项如何排列成一份清单，按照这份清单来组织你的生活，缩小现实和目标之间的差距。你可以再找一张纸记下这份清单，或者在电脑上为它建一个文件夹。接下来，看看你在财商测试的态度和行为部分的得分，选出你希望加强的那些态度和行为。然后看看你在财务管理能力和财务心态上的得分，选出你想提高哪些和财务效能有关的能力①。谋划如何对生活进行改革，和计划一次汽车旅行差不多。我们不可能一头钻进汽车，开着它漫无目标地上路，指望运气会把我们带到想去的地方。而是会先取出地图，标出目的地，制订一个如何到达那里的计划，然后再出发。

当那位单身母亲凯蒂在回顾自己评估优先事项的过程时，她发现自己希望提高热爱、效率（其他）和成功的地位。在态度和行为的测试部分，她发现自己想要提高在财务效能、抱负和乐观方面的分数。

‖（二）第二步：写一份价值宣言‖

在这一步，你要为上一步中列出的优先事项、态度和行为写一份价值宣言。这些价值宣言会成为你开启财商的纲领，表明接下来3个月你的个人使命，以及你希望一年之后自己取得的成果。

在考虑你的优先事项、态度和行为以及财务效能时，请回答下面的问题：

• 为什么这种优先事项、态度、行为或财务效能对你来说很重要？

• 对你来说，这种优先事项、态度、行为或财务效能最大的用途是什么？

• 它会给你的生活带来什么？

等你经过认真的思考、回答了这些问题之后，按照下面的格式写一份宣言：

1.我重视＿＿＿＿＿＿（优先事项、态度、行为或财务效能），因为它＿＿＿＿＿＿＿＿＿＿＿＿＿＿。

2.实现了这个优先事项，或是增加/培养＿＿＿＿＿＿＿的态度、行为或财务效能，将会让我获得＿＿＿＿＿＿＿＿＿＿

---

① 本书中所有的表格，读者均可登陆我们的网站www.affluenceintelligence.com 下载PDF版本。

（请填上富足的7个方面中的一个）。

比如，你可以写道："我重视内心的安宁，因为它能为我的生活带来一种平衡感。实现了内心的安宁会让我的身体和精神更加健康。"

凯蒂针对她选择的行为和态度所做的价值宣言如下：

财务管理能力

"我重视财务管理能力，因为我想要获得经济保障。获得财务管理能力会让我得到足够的钱来满足我的需求和欲望。"

财务心态

"我重视财务心态，这样我就能更自在地面对钱这种东西了。获得财务心态会让我挣到足够多的钱来满足我的需求和欲望。"

乐观

"我重视乐观，因为我希望从与人们的交往中获得更多积极的体验。更加乐观的心态会让我建立起一种能给我带来快乐的人际关系。"

抱负

"我重视抱负，因为它能带我找到新的生财之道。变得更有抱负会让我得到足够多的钱来满足我的需求和欲望。"

效率（工作）

"我重视工作效率，它能让我凭借着对训练动物的热爱，开拓新的事业。获得效率会让我获得一份我真正喜欢的工作。"

成功

"我看重成功，因为它会帮我实现在乡下安居的梦想。获得成功能让我过上一种既有意义又有目标的生活。"

效率（其他）

"我看重在其他事务上的效率，希望能在平时多关心自己，这样才能让自己更加健康。"

(三)第三步：设定目标

你要为每一项价值宣言设定一个具体的目标。比如，"接下来的3个月里，我会坚持每隔一天锻炼一次。"设定目标的时候要注意，目标既不能太大，以至于根本没有完成的可能性，也不能太小，以至于完成了也不会让自己取得什么进步。要是你试图一下子做出太大的改变，就很容易失败，但改变太小的话，你根本看不到自己会有什么变化。你可以随意设定你的目标，只要它能够帮助你在转换职业跑道、转变生活方式或改善你的财务状况上迈出重要的一步就行。

你在设定目标时最大的挑战，是必须跳出原有的思维模式去思考。在动手设定你的目标之前，请把下面这些话记在心里：

1. 问问自己，假如我现在正在做着自己真正想做的事，这些事和我平时所做的事之间，有什么不同？有哪些事我会想要多做一点或是少做一点？

2. 千万不要还没开始就打退堂鼓。不要用这些话来否定你的想法，比如"我的目标是不可能实现的"。到底能不能实现，你现在说的可不算。你应该做的，是立刻去探索那些通常你会认为不可能的可能性。

3. 不用强迫自己一定要立刻把问题搞定，或是很快拿出解决办法。许多人都有一种倾向，一遇到问题或麻烦，就迫不及待地要动手解决它。当我们急不可耐地去解决一个问题时，常常都来不及搞清楚这个问题到底是什么，或者用更深刻一点的话说，我们到底想要什么。简而言之，有太多压力要求我们"立即动手去解决"，迫使我们一再压缩发现过程，结果对于自己在想什么、有什么感觉、需要什么或想要什么，我们永远都是一知半解。在把这种方法向人们推广了10多年之后，我们非常清楚，除非一个人能够解开精神上的一切束缚，自由地去想、去说；否则，这个计划的效果会非常有限。你可以邀请你的财商合作

166

伙伴来检查你的目标，看看你想要追求的，是不是对你来说最重要的
东西。

表1　凯蒂的价值宣言和目标

凯蒂渴望改善的财商方面	价值宣言	设置目标	行动步骤	妨碍我的心理防御机制
财务管理能力	我重视财务管理能力，因为我想要获得经济保障。获得财务管理能力会让我得到足够多的钱来满足我的需求和欲望	学习制订和控制理财计划的基础的金融知识 增加我的投资机会的知识		
乐观	我重视乐观，因为我希望能从与人们的交往中获得更多积极的体验。更加乐观的心态会让我建立起一种能给我带来快乐的人际关系	要用更加乐观的态度处理我和我的伴侣及孩子们的关系		
成功	我看重成功，因为它会帮我实现在乡下安居的梦想。获得成功能让我过上一种既有意义又有目标的生活	为我的动物训练事业制订一个商业计划		
效率（其他）	我看重在其他事务上的效率，希望能在平时多关心自己，这样才能让自己更加健康	我要在下周开始开展一些自我关爱的活动，并且保证坚持至少90天		

▎（四）第四步：选择行动步骤 ▎

确定了目标之后，你需要设计一套行动步骤。只有一个个具体的任务，才能带领你收获一个个成功的结果。通过分析自己的财商水平，找出在优先事项、态度、行为和财务效能上，你需要在哪些方面做出改进，然后分别针对这些方面设计1~3种行动步骤，并在3个月财商计划中执行这些步骤。你要从即将到来的一周开始履行这些行动步骤，一直持续到你的计划结束。例如，如果你想让自己的内心更加安宁，确定3种你可以接受的行动步骤，比如，每周散步2次，去教堂或拒绝会见让你情绪激动的朋友。这些行动步骤，会帮助你开启财商，实现

你的目标。

说到为你的计划选择合适的行动步骤，我们建议你先从较小的步骤开始。如果你在设定目标时保守一些，成功实现目标的可能性就更高。小的步骤可以为大的改变奠定基础。例如，如果你以前每周运动一次，现在你想要增加每周运动的次数，我们建议你最好设定一个适中的目标——每周运动3次，而不是每周运动5~7次。因为前一个目标是你完全可以做到的，你可以把这次成功作为一个开始，去追求更大的成功；而后一个目标，你可能根本就做不到，它只会让你再一次陷入"我这么卖命到底有什么用？"的沮丧之中，然后就此放弃。

为什么微小的成功会产生巨大的作用呢？这是因为能针对你的目标做些实在的事情是很重要的。你向自己证明了你有采取行动的能力。一旦你开始向着目标出发，就会发现你决定要做出的改变不仅是可能的，而且是令人愉快的。你还会惊讶地发现亲人和朋友们会给予你积极的反馈和支持。举个例子来说，我们曾经帮助过这样一对夫妻，和大多数夫妻相反，妻子很强硬，而丈夫（养家糊口的人）则显得很顺从。詹姆斯是个消极攻击型的人，他把自己的愤怒都掩饰在一张和蔼可亲的面具后面。他很害怕在妻子凯伦面前显示自己的权威，因为他担心她的反应（她是个喜欢小题大做的人）；但事实上，这只不过是詹姆斯从自己的童年经历中总结出的一种错误观念。当他终于在凯伦面前强硬了一次，凯伦实际上并没有什么反应，完全不像他以为的会出现世界末日。他也不再认为对妻子表现得强硬一点是不安全的行为了。

通常，要让你的生活实现最好的改变，你需要做出恰当的调整。有时候，你可能会在改变你的行为时做得过了头，落得个物极必反的下场。如果你不是抱着全赢或全输的赌徒心理，最好还是折中一点较为妥当。

需要注意的是，其他人可能会对你的改变感到不高兴或不舒服。比如，如果你以前总是让某些人占你的便宜，但现在你开始拒绝他们了，他们肯定不会喜欢你这种新的态度，因为这意味着他们要对你做出让步，或再也不能按照以前的方式对待你了。你之所以要做出改变，是因为你和自己达成了一个重要的协议。有时候，为了给生活带来积极的改变，你必须学会忍受别人的抵抗或不安。

在确定行动步骤之前，一定要记住以下几点原则：这些步骤是你个人的任务，你要独立去完成；这些步骤应该符合你的价值宣言；这些步骤是你整个计划的核心。当你把自己的选择和行动，与你最坚定和最重要的价值观结合起来的时候，就是你的财商开启的时候。你会用自己的方式，获得自己的富足感，即过上一种能反映你的价值观和人生梦想的生活。一定要让自己的眼光瞄准最高的目标：开启财商，释放你全部的潜能，让你的生活拥有富足生活的所有7种特征。

在制订和推进你的3个月财商计划的时候，请考虑以下事项：

• 在这3个月期间，把你的目标分解成较小的、有可行性的步骤。先从第一个步骤开始。例如，你想要改善锻炼习惯，把每周的锻炼次数增加一次。第一步，把增加的这次锻炼时间安排在每周的哪一天进行？在日程表上把这一天重点标出，就像你为了提醒自己不要忘记和医生预约的门诊时做的那样。将你3个月计划中的行动步骤以时间顺序分类写在不同的纸上，然后把它们贴在冰箱或布告栏上显眼的地方。

• 在大脑里想象自己成功地采取了行动步骤，实现了既定的目标。

• 定期（每周至少一次）检查你的进程，确认你完成了要做的事。

为了帮助你制订3个月财商计划，在下一章，你会看到一份计划表，我们会就你可以采取哪些具体的行动来提高财商的各个方面提供一些非常实用的建议。你可以原原本本地按照这些建议去做，也可以在此基础上创造出更适合你的生活方式和目标的行动步骤。

凯蒂为她的3个月财商计划确定了以下步骤：

1. 财务效能

• 和我的财务顾问一起为下一年做计划。

• 到当地的高等专科学校参加为期一天的金融知识课程。

• 对接下来3个月的任何不属于生活必需的消费说不，不管是我个人的还是其他人的。

2. 效率（其他）

• 保证每周参加3次基督教青年会的瑜伽课程。

• 减少和朋友吃饭的次数，这样既省时间又省钱。

• 每天至少用15分钟来散步、逛街或读小说。

3. 成功

• 在接下来30天里，找个时间去拜访一个做创业培训的好朋友，他可以帮我制订一份计划来开展我的动物培训的生意。这个计划必须既能让我做好这门生意，又不影响我现在的工作或损害我的健康。

• 根据可能吸引到的客户的数量以及每个月需要和希望挣到的钱，设定一个现实的目标。

4. 乐观

• 接下来的3个月里，每周一的早晨都花10分钟来想一想，要是我保持积极的态度，有些事情的结果会不会更好。

• 开始写乐观日志，记录可以让我更加乐观的方法及其效果。

• 当我开始愤世嫉俗，或发现在自言自语一些消极的话时，立刻停止这种自我对话，把注意力从事情悲观的一面转移到更乐观的一面上。

• 在注意到了自己又开始说消极的话时，可以为这份警觉进行自我表扬。

• 找一个愿意成为我的财商合作伙伴的朋友，每周和他交流一次，由他来监督我的整个执行过程。

（五）第五步：识别妨碍你前进的心理防御机制

通过这一步，你可以发现过去你是如何给自己拉后腿的。下面是一份我们在第8章中讨论过的各种心理防御机制的清单。考虑一下在你改变生活的时候，有哪些防御机制会在你身上发生作用。例如，你可能会对自己说出下面这种典型的话来，"我没有时间"（否认；自欺欺人），或"我挣不着足够多的钱，所以我不配享有更多内心的安宁"（极端的思维方式）。

为了帮助你复习之前的内容，我们把常见的防御机制列在下面。在适用于你的选项前打钩：

自欺欺人

打肿脸充胖子

魔幻思维

我执

否认

逃避

极端思维

投射

不制订计划

摆脱不掉个人经历的影响

拥有对钱持否定态度的文化或宗教信仰

仇富心理

如果想调高你的财商调节系统，开启你的财商，非常关键的一点是，你要认识到自己的心理防御机制会如何削弱你做出改变的能力，并且愿意为此承担责任。我们有许多富有的客户，他们承认错误的勇气和对妨碍自己的心理防御机制的清醒认识，给我们留下了很深的印象。为你的防御机制承担责任，并不是说你必须让自己的个性来一个大变身，而是说当你了解了你的弱点，你就可以控制它们，避免对生活造成的影响。

要想避免重蹈以前的覆辙，你可以试试下面4个简单的步骤：

1. 在用惯常的防御方法对事情做出回应时，一定要有所警觉。
2. 停止行动（停止旧的行为和思考模式）。
3. 暂停一会儿，反思刚才的所作所为，确定做出改变。
4. 改变你的行为，执行新的行动计划。

人类通常会顽固地坚持自己习惯的模式，但如果你有毅力和决心，通过不断累积一些微小但有效果的努力，你就能够开启财商，开启一种新的、更加富足的生活模式。

填写你的表格

现在，根据你准备在接下来的3个月里如何提高自己的财商，填写下面的表格。（记住，你不必填满整个表格，只选择出你想要改变的特定的优先事项、态度、行为和财务效能即可。）

表2　凯蒂的行动步骤和心理防御机制

凯蒂渴望改善的财商方面	价值宣言	设置目标	行动步骤	妨碍我的心理防御机制
财务管理能力	我重视财务管理能力，因为财务会获得经济上的保障。获得财务管理能力会让我得到足够多的钱来满足我的需求和欲望	学习和控制制订财务计划的金融知识，增加我的投资机会的知识	和我的财务顾问一起为下一年做计划；到当地的高等专科学校参加为期一天的金融知识课程；对接下来3个月的任何不属于生活必需品的消费说不，不管是我个人的还是其他人的	用拖延来进行逃避；告诉自己这样的谎言：所有让我忙碌的活动都会妨碍我实现目标
乐观	我重视乐观，因为我希望从与人们的交往中获得更多积极的体验。我更加乐观的心态会让我建立起一种能给未来带来快乐的人际关系	要用更加乐观的态度处理我和伴侣及孩子的关系	接下来的3个月里，每周一的早晨都花10分钟来冥想，要是我保持积极的态度，有些事情的结果会不会更好。开始写乐观日志，记录这种乐观的方法及其效果。当我开始愤世嫉俗，或发现我在自言自语一些消极的话时，立刻停止这种自我对话，把注意力从事情悲观的一面转移到乐观的一面上。在注意到了自己又开始说消极的话时，可以为这份警觉进行自我表扬。	对自己编造这样的谎言："现在太迟了，我的人生不可能变得更乐观了。"或是重新找回过去的态度，比如"我做不来这个，这么做不会有用"。
成功	我看重成功，因为它会帮我实现在乡下安居的梦想。获得成功能让我过上一种既有意义又有目标的生活	为我的动物训练制订一个商业计划	在接下来30天里，找个时间去拜访一个做创业培训的好朋友，他可以帮我制订一份计划来开展我的动物培训的生意，又不影响我现在的工作或减害我的健康。制订一份计划，使我的生意能够在既不影响现有的工作，或际害我到到种下稳步增长，根据可能吸引到的客户的数量以及每个月需要和希望挣到的钱，设定一个现实的目标。	逃避；魔幻思维：如果世界想让这件事成功的话它自然会成功；不切实际的目标，使得未来了觉得它完全是浪费时间，我是一个商业失败者
效率（其他）	我看重在其他事务上的效率，希望能在平时多关心一下自己，这样才能让自己更加健康	我要从下周开始开展一些自我关爱的活动，并且保证坚持至少90天	保证每周参加3次基督教青年会的瑜伽课程；减少和朋友去吃饭的次数，这样既省时间又省钱；每天至少用15分钟来散步，逛街或读小说	通过各种方式进行逃避，不制订计划

表3　你的3个月财商计划

优先事项

	价值声明	目标	行动步骤	妨碍我的心理防御机制
安宁	安宁具有很重要的价值，因为_____。			
热爱	热爱具有很重要的价值，因为_____。			
效率（工作）	效率（工作）具有很重要的价值，因为_____。			
效率（其他）	效率（其他）具有很重要的价值，因为_____。			
人际关系	人际关系具有很重要的价值，因为_____。			
成功	成功具有很重要的价值，因为_____。			

行为

心理韧性				
自信				
努力工作和实现目标的能力				
人际效能				

态度

乐观				
好奇心和开放的心态				
掌控自己的人生的能力				
抱负				

财务效能

财务管理能力				
财务心态				

三、财商的学习之旅

你可以把调高财商调节系统的过程看作一场旅行。在这场旅行中，你将不断学习新的思维习惯和方式。从我们的客户身上，我们认识到了将自己的强项和优点发挥到极致的重要性。一般说来，他们从不排斥自己的与众不同之处，反而会充分利用这些与众不同之处追求自己想要的东西，选择最适合自己的方式去学习。当你明白了自己适合哪种学习风格和学习节奏时，你就可以根据自己的特点制订适合的方案，不断地提高自己，这会帮助你在旅途中不断地前进。相反，如果你试图通过不适合你的方式来学习，这就好比把一根圆柱楔进方洞，你绝对逃脱不了失败的下场。

（一）你的学习风格

从你自己在学校学习的经历中，你肯定也能得出这样的结论：人们在学习新知识和信息时各有不同的方法。大多数人对自己采取哪种学习方法最有效率，都有特定的偏好。看一看下面对各种学习类型的介绍，找出最适合你的风格。在通往富足的旅途上长足跋涉的时候，如果你需要学习某种信息，最好找那种用最适合你学习习惯的方式表现的信息。比如，如果你是属于听觉型的学习者，要是想多了解某个问题，可以寻找那些拷贝成CD的材料。

1. 视觉学习型

属于视觉学习型的人，喜欢使用视觉形象来学习，比如图片、表格、地图和曲线图。他们觉得把思想转化为视觉形象的时候，更容易理解其中的概念。一般这种类型的学习者，会在开会或进行集体讨论的时候，通过画图或涂鸦来记录自己的想法。你也可以利用图表、影片、视频游戏或照片来帮助自己理解问题。

2.听觉学习型

听觉学习型的人在接收信息时，更喜欢听而不是看。一般说来，他们喜欢说话和倾听别人说话。他们很擅长发表演讲和报告，也喜欢听别人演讲。他们常常能制作一些歌谣或诸如此类的东西来帮助自己记住某些事情，他们更喜欢把事情说出来，而不是写下来。如果你是听觉型的学习者，可以用讲故事或笑话的方式来发表自己的观点。

3.言语学习型

对于言语学习型的人来说，用写作和言语来表达自己显得更容易一些。他们喜欢阅读、写作，还有绕口令、吟诗、作对之类的文字游戏。他们更适合通过图书、杂志、在线阅读和报纸来学习。如果你是一名言语型的学习者，你的词汇量一定很大，而且总是在学习新词，迫不及待地想应用到交流中去。

4.触觉学习型

触觉学习型的人，喜欢用身体和碰触时的感觉来学习。通常，这种人都很喜欢体育和锻炼，还有其他身体活动，比如园艺或木工。当他们积极地去接触事情时，更容易理解这些事情。拿修车来说，比起阅读使用手册，他们更喜欢直接动手去敲打一下发动机。

5.逻辑学习型

逻辑学习型的人都热衷于逻辑和数学推理。他们能很容易地在貌似不相关的想法之间找出联系，或理解某些看似毫无意义的事情。他们数学很好，能用大脑解决复杂的数学问题。对于他们来说，理解所学习的东西之间的因果关系是非常重要的。如果你属于这种类型的学习者，可以利用这些特长来制订预算，或在采取行动之前，把各种要做的事情编号排序，制成一份任务清单。

6. 社交学习型

社交学习型的人，能够很好地和别人进行交流。他们喜欢辅导或开导别人。他们通常喜欢在群体中或在课堂上学习，喜欢在学习的时候被别人包围着。如果你是这种学习者，一定喜欢在课后留下来同其他同学进行交流，而且你喜欢多人玩的游戏，比如纸牌游戏、篮球或棒球。

7. 独立学习型

独立型的学习者通常都注重隐私、喜欢反省和独立。他们清楚自己在想什么，并且善于分析自己可以采用哪些不同的思考和感觉方式。他们会花时间做自我分析，常常会反思自己过去处理某些事情的方式。他们会坚持做日志或日记来记录自己的想法。如果你是这种人，必定喜欢阅读自助型的书，或收听此类研讨会、训练班录制的课程。你喜欢躲在某个安静的地方研究问题，思考可能的解决办法。（但你应该记住，有时候和别人交流一下，问题能更容易得到解决。）

▎（二）你的学习节奏 ▎

有些人要是一次尝试太多新的东西，就会不知所措，因此他们的学习速度应该放慢一些；而另一些人则喜欢用很快的速度学习，速度可以让他们保持兴奋，让他们无暇产生无聊的感觉。回想一下你过去在大学里、成人教育夜校里的学习经历，或是当一个朋友试着教给你一项新的技术，比如修理摩托车或烤面包时的情景。你是认真地、一点点地掌握它，还是迫不及待地一头钻了进去？你是渴望立即学会关于某个问题的所有知识，还是喜欢有条不紊地学习，把一个概念完全搞懂之后再进行下一个？你是会废寝忘食地投入进去，还是需要不时地中断一下放松放松？把你以前真实的学习经历拿出来，看看到底哪种学习方式最适合你。

务必让你的行动步骤、学习风格和学习节奏保持一致，这是非常重要的。当然，就学习方式而言，没有哪种方式是绝对正确的，而且这些学习方式经常被人们结合起来使用。例如，你可能既是逻辑型学习者，又是独立型学习者，并且喜欢快速学习；或者你可能是喜欢慢速学习的听觉型学习者和社交型学习者。

确定你的学习风格和你的最佳学习节奏，会让你找到最适合你的学习方式。这会让财商计划的作用发挥到极致，真正开启你的财商。

（三）执行力和注意力缺乏

有的人天生就有认知方面的问题，这影响了他们学习和完成任务的能力。这些学习方面的问题包括广为人知的注意力缺失症（ADD）或注意力不足过动症（ADHD），还有其他有关执行大脑指令能力缺失的问题。如果你有，或觉得自己有类似的问题，先不要绝望。有许多心理测试都可以帮你查明你是不是真的有这种问题。而且，有许多治疗方法，比如药物治疗、精神疗法和私人辅导，都可以治愈这种问题。如果你不幸受到了这种问题的困扰，我们希望你一定要勇敢地面对，并努力寻求合适的专业治疗。实际上，世界上有非常多拥有财商的人，天生就有认知上的问题。幸运的是，他们学会了如何承受或克服这些问题。你需要采取的最重要一步，是先去做精确的诊断，然后再去寻求最好的帮助。

（四）接受

可能你在做完本书的测试，并且充分反省了之后，最后觉得你的生活照目前的样子就很好，起码在一年之内，你不希望它有任何改变。你之所以拿起这本书，是因为外界的压力，一般而言可能是来自你的配偶，或社会的压力。这些压力促使你强迫自己去渴望挣得更多、拥有更多，但事实上你真正需要做的，是认清楚你已经拥有了什么，并感激你所拥有的一切。

如果这个测试财商的过程，让你看到你现在的生活已经足够美好了，你很庆幸自己生活中有这么多好的方面，而不觉得生活中那些缺少的东西有什么值得担心的，那么，我们能够建议你的，就是接受这一切：过你自己的生活，享受自己，接受你目前的状况，不必过多地反省你的生活出了什么问题，或惴惴不安地纠结于"有一天，要是……"的幻想。

接受意味着坚定地做你自己，通过加深对自我的认同来开启你的财商。但如果你既不接受现状，也不打算去提高你的财商，那你只好继续承受永无止境的不确定和矛盾的折磨了，你的财商也会变得越来越低。

接受意味着承认自己已经把生活经营得"足够好"了。你确定自己不需要"更多"的人际关系、金钱、物质了，你能够拥抱和享受现在的自己以及拥有的东西，但这并不意味着你放弃了什么。放弃是和接受完全不同的概念，它不包括自爱，或看清自己已经拥有了多么美好的生活。

接受这种方式，对某些人而言很适用，对另一些人来说则不是。佩吉和伊莉斯在人际效能测试中的态度和行为方面的得分都很低。佩吉的优先事项是成功。她意识到由于缺少人际效能，她可能会错失梦寐以求的升职机会，这样一来也就得不到加薪了，因为老板告诉佩吉，有些同事曾经提到她这个人太"刺"了。因为她大部分的工作会涉及与他人的互动，于是她确定了待人接物的能力（人际效能）就是她想要和需要改进的。佩吉精心制作了一份价值宣言来阐述她的个人目标："为了建立起更令人满意的人际关系，并因此获得经济上的回报，我重视培养自己的交际能力。"她把这句话牢牢记在脑子里，制订了一个行动计划。在确定了自己喜欢在群体中学习之后，她加入了当地成人教育中心的一个改善交际能力的课程。这门课程有角色扮演的环节，佩吉很喜欢这种方式，而且发现这对她非常有效。通过明确自己的个人目标（价值宣言），并通过学习新的社交技巧来提高自己的财商，佩吉的同事和客户都更喜欢她了，她也终于得到了梦寐以求的升职。而交际能力上的提高，也给她带来了更多令人满意的友谊。

和佩吉相反，伊莉斯曾经怀疑过自己在待人接物方面做得确实不够好，因为她和邻居吵过架，而且她的一个孩子与她的关系非常疏远。但她的优先事项是安宁，而不是成功。对于她来说，安宁就是独自一个人读书，或在当地游泳馆里游泳，可这些行动并不需要多少交际能力。考虑到自己是一名平面设计师，平时的工作主要是在互联网上独自完成，不用和客户有什么互动，伊莉斯决定只要接受现状就好；在可预见的未来内，她不会去改变自己的人际效能了。她选择把更多的时间和精力集中到其他想要提高的领域，比如心理韧性。

要想彻底开启你的财商，你需要走过一段复杂的旅程。你要学会专注地去提高自己的某些方面，同时坦然地接受自己的另一些方面。一定要坚持下去，一定要对自己和整个过程充满信心。你正在做好准备迎接一个无与伦比的未来，即真正富足的生活。

AFFLUENCE INTELLIGENCE

第11章

三个月努力换取一生富足，你是否愿意

Earn More, Worry Less,

and Live a Happy and Balanced Life

在下定了提高财商的决心并且为财商的四个方面（优先事项、行为和态度、财务效能）分别设定了目标之后，现在该制订属于你的财商计划表了，并执行你为接下来的3个月设计的行动步骤了。

第1个月：让自己行动起来。确定第1个月、第2个月和第3个月全部的行动步骤。第1个月的行动步骤一定要比较容易完成，这样你才能品尝到成功的滋味，才会获得继续执行计划的动力。设定一个明确的标准来评估你的进展状况。如果需要的话，可以向别人寻求支持，比如你的财商合作伙伴、教练、导师或理疗师。立刻开始行动吧！

第2个月：大步前进。继续履行你的承诺，落实你的行动步骤。在完成计划的过程中，可以视情况的发展在计划中加入更多的行动步骤。一定要经常反复地练习你的新态度和新行为，这样你才会养成一种新习惯。如果需要的话可以向别人寻求支持，比如你的财商合作伙伴、教练、导师或理疗师。

第3个月：一鼓作气，迎接胜利。完成计划的行动步骤。要在大脑里记住你创造的那些重要的价值，想象随着计划的进行你能得到的收获。如果需要的话可以向别人寻求支持，比如你的财商合作伙伴、教练、导师或理疗师。

记住：针对你决定改善的财商的某个方面，你需要采取和完成至少1~3种行动步骤（如果确定自己可以坚持的话，可以多于3种）。举个例子来说，假如你希望让自己的内心更加平和，你可以采取以下3种行动步骤：

1. 每周星期一、星期三和星期五的早上8点，做20分钟的冥想。
2. 周末早晨独自一人散步最少1个小时。
3. 每周选择一个晚上，至少用1个小时来阅读娱乐杂志或小说。

你也可以在为工作或旅行做计划的时候采用这个方法。腾出时间坐下，并好好写下你在接下来3个月里执行财商计划必须要做的行动步骤。比如，你想要挑选一位财务顾问并和他见个面。第1个月，你需要和认识的人谈谈，请他们帮你推荐一些人选（我们建议至少要得到3个推荐），安排好时间分别给这些候选人打电话，和他们进行初步的接触。设置一个最后期限，一定要在这个月底前确定最后人选，并且和他先约好第2个月见面的时间。我们希望你能把事情安排得有条不紊，把每个步骤和截止日期都写下来，确保每一步都能按时完成。

来看看詹妮弗，一名40岁的系统分析师，她在财务效能和自信上的得分非常低。詹妮弗不喜欢想或者谈钱的事，但现在她意识到这可能会妨碍她提高自己的财商。

等到为期3个月的计划结束时，詹妮弗的财务效能已经有了很大的提高。她不但提高了自己的财务管理能力，也收获了财务心态。就和学习游泳一样，一旦她跳进了培养财务效能的水池里，就会发现待在"水"里学习必要的技能，并不像她当初担心的那样困难。

表1　詹妮弗的3个月财商计划

渴望改善的财商方面	价值宣言	目标	第1个月的行动步骤	第2个月行动步骤	第3个月的行动步骤	心理防御机制
财务管理能力	我重视财务管理能力，以便得到足够多的钱来满足我的需要和欲望	学习理财的基本知识，制订一份预算	购买关于理财基本知识的书，参加一门夜校课程，在第1个月结束时完成，确定一位财商合作伙伴来监督我的进程	起草一份预算方案，在遇到困难时要向人求助，执行预算方式上进行改变，量入为出	约见一位朋友或专业顾问，来检查我的预算，并为未来的财务计划做打算	拖延，分离，自欺欺人地告诉自己太懒了懂钱的事
财务心态	我重视获得面对金钱时的自在感，以便足够多的挣到的钱来满足我的需要和欲望	减少我对金钱的焦虑，运用我的智慧来处理金钱问题，而不是把这些问题束之高阁或者一味地打马虎眼	寻求金钱问题上的咨询，计划和我在生活伴侣就的交流，焦虑进行一次一个小时的交流，通过阅读我的银行和信用卡账单来减少我对自己的财务状况缺乏了解的恐惧。在需要帮助的时候要向别人求助	继续查看和审核每月的账单	和至少2位朋友就资金管理和退休问题聊聊他们的想法和计划	同上
自信	我重视变得更加自信，以便获得力量感	无论是对待家庭或工作中的金钱问题，都要变得更加自信	准备向上司提出升职要求：和我的财商合作伙伴或某个很有商业头脑的朋友一起练习要对老板说的话，每个月和我的伴侣开一次讨论财务问题	和我的老板安排一次会谈，提出升职要求考虑其他的职业选择：查找值得我去做的工作从财商合作伙伴和朋友们那里寻求支持	在和老板会谈之后继续跟进如果升职要求允许，安排一次和其他公司的面试就我这件事的进展向我的财商合作伙伴或朋友进行报告	同上

一、供你参考的行动步骤

下面是我们针对3个月计划的每一个月，提出的一些行动步骤的建议，它可以帮助你改变你的行为、态度和财务效能。从下列建议中选择适合的行动步骤安排到你的计划中去。你会发现我们推荐的行动步骤是非常实用和有效的，你也可以把这些建议作为原型，发展出你自己的行动步骤；关键在于一定要行动起来！

（一）第1个月

1. 行为

a. 心理韧性

在第1个月里：

- 承认自己因为某个没有解决的问题而产生的感觉和想法。在回想这些感觉时，不要让自己困在反省和懊悔构成的精神迷宫里。利用从本书中学到的东西继续前进。
- 回想之前的60天里，感受受伤或愤怒、心烦的两次经历。问问自己，这些经历让你学到了什么，有哪些经验可以用到将来类似的情况中去？
- 针对某件没有按照预期或计划发展的事情，重复一遍上一条建议。
- 把第一次尝试时没有成功的某件事情再做一遍，在日程表上给它设置一个最后期限。

b. 自信

在第1个月里：

• 写下生活中你很自信地维护自己的权益并且成功了的例子。你是怎么把自己的自信调动起来的？再试一次。

• 写下生活中你很不情愿强硬地坚持自己的立场的例子，顺便写写是哪种心理防御机制阻止你坚持主见的。

• 当别人要求你做不想做的事时，拒绝他。告诉他："不，谢谢。"就算是多说几遍也要驳回他的要求。

• 确定3个你想要对其说No的人，把你要对他们说的话写下来，然后照做。

• 确定3个你想要对其说Yes的人，把你要对他们说的话写下来，然后照做。

c. 努力工作和实现目标的能力

在第1个月里：

• 把你的最高目标（可以是多个）写下来。

• 选定一个最重要的目标，把你准备采取的行动和时间表详细地写下来。

• 设定的目标一定要实际，必须是你愿意在接下来3个月里每天或每周都做的事情。比起一味追求速度或进度，扎扎实实地完成每一步更加重要。

• 每天晚上或早上制订好接下来一整周的事务表。按照优先顺序把任务排列好，确保先做最重要的优先事项。

• 通过记笔记和在日程表或记事簿上写提示，让生活更有条理。

d. 人际效能

在第1个月里：

• 挑选一个你不怎么了解的人。邀请他或她出来喝杯咖啡，并通过谈话来了解对方。

•认真地倾听。即使在有不同意见的时候也保持开放的心态，让他人放松地吐露自己的想法。

•把你和别人喝咖啡时了解到的事拿出来与朋友、财商合作伙伴或教练分享。

•要警惕自己什么时候停止倾听了，一旦发现了要赶快把自己拉回轨道上来。

e.财务效能

（a）财务管理能力

在第1个月里：

•学习一些个人理财的基本知识，即制订预算、偿清债务、储蓄、为退休做投资、学习证券知识、了解房地产和其他可替代投资。你可以采用以下措施：

›报名参加一门金融知识课程，不论是课堂授课还是在线授课的都可以。

›购买和阅读一本内容全面、容易理解的理财类图书。书后面的参考文献和资源部分还会为你推荐一些值得读的书。

•确认自己每月的收入、负债、储蓄和消费的准确金额。

•制订一份月预算表，明确规定每月的收入、消费、储蓄、投资和慈善捐赠的数额（这几项中任何一项的预算都可以是0）。你可以利用一些有用的免费网站来帮助你安排预算。

•承诺按照预算过日子。

•找一份你的信用报告来认真读一读。

•制订一个还清信用卡欠款的计划。这个计划包括：

›和银行重新协商你目前的债务利息以及信用卡利息。

›如果你觉得对自己有益，可以尝试债务合并。

> 想办法减免信用卡的年费。

• 在第1个月的第1周里，写下你当前的需求和愿望。和你的财务顾问或财商合作伙伴一起对这些需求和愿望进行评估。

• 把你的信用卡在抽屉里锁上一个月。这能帮助你看到需求和欲愿望之间的区别。

• 挑选出3个你需要改进的方面，集中精力去攻克。针对诸如冲动消费的问题，制订切实可行的行动步骤。

（b）财务心态

在第1个月里：

• 把你关于挣钱、省钱、投资、消费和慈善捐赠的态度、感觉和信念写下来。

• 问自己这样一个问题：我的原生家庭对金钱有什么样的信仰，我现在的信仰与之相同还是不同？把答案写下来。

• 把你当下关于钱的感觉和想法列出来。比如，你可以考虑：

> 如果你一点债务也没有，你的感觉会怎么样？

> 如果你把积蓄花得一干二净，你的感觉会怎么样？

> 钱的哪些方面让你喜欢，哪些方面让你痛恨？

> 钱是如何促进或妨碍你实现目标的？

通过反省你的答案，确定需要采取哪些行动步骤来获得财务心态。你还可以和财商合作伙伴、信任的朋友或顾问谈谈钱的事情，进一步了解你对钱的想法和感觉。

• 试着把下面的句子填写完整：我因为＿＿＿＿＿＿＿而讨厌钱。然后问问自己这种态度是对你有所帮助，还是妨碍了你。

• 列出3种你需要学习的理财技巧或理财观念，以便自己能更加自在轻松地面对金钱。

• 问问自己下面的问题，可以让你更好地理解自己对金钱的感觉：

> 你对比你有钱的朋友有什么感觉？

> 你对比你穷的朋友有什么感觉？

> 嫉妒这种感情会妨碍你们之间的关系吗？它是怎么发挥作用的？

从这些答案中总结到的东西，你可以确定需要采取哪些措施来获得财务心态。你可以通过和财商合作伙伴、信任的朋友或顾问的交流，来更好地了解这些想法和感觉。

2. 态度

a. 乐观

在第1个月里：

• 考虑一下你希望在生活的哪些问题上能变得更加乐观，挑出一两个来（比如人际关系、工作、财务等）。多想想那些你希望发生的事，不要总去想那些你不希望发生的事情。

• 你觉得自己的哪些优点可以帮助你在这些方面变得更乐观？把它们列出来。

• 把你想要的东西写下来。然后再大声地读出来，用电脑录下这段话。听听看自己读得怎么样。反复练习这段话，直到你能理直气壮地说出来为止。

• 连续一个月的时间，每天早上专门让自己保持5分钟的积极态度，并且在脑海里想象某件事有了一个积极的结果。

b. 开放的心态和好奇心

在第1个月里：

• 想一想你可以尝试哪些新事物，或在哪些事情上你可以尝试一些新的、有趣的方法。从中确定3个（比如一门课程、运动或文化活动）去实施你的新想法。

• 不要轻易对别人下判断，这会让你丧失从他们那里学习的机会。当你察觉自己在这么做时，先停下来想一想，然后提出一些能让你更好地理解对方观点的问题。

• 观察小孩，试着用他们那种天真好奇的眼光观察这个世界。

c.掌控自己生活的能力

在第1个月里：

• 取消一些你不想做的事情。

• 当你感觉自己不在状态的时候，不要硬撑。请几天假休息。

• 在这个月里找3次机会来维护自己的权益。

• 朋友请你做什么事情时，先不要急着答应，考虑一下你是不是真的想做这些事。

• 在和同事或朋友商量聚会的时候，不等他们开口，先把你觉得最合适的日期和时间说出来。

• 做事情的时候一定要有条理，免得再浪费时间去做已经做过一遍的事，或花时间去找什么丢失的文件。

d.抱负

在第1个月里：

• 把你愿意花时间做的事，或你想做但一直抽不出时间的事写下来，并安排到你的日程表里。

• 回忆一下自己以前很有雄心壮志，并且感觉良好的时候。把你当时做的事情及其过程记下来。利用这些信息来指导你去实现下一个抱负。

• 和某个你很尊重而且志向远大的人谈一谈。请他或她来讲讲他们是如何让自己这么有志向的，他们又是怎么实现自己的抱负的。

• 从任务清单里挑出一件你一直想做的小事情，这周就把它做完。

• 选择3个较小的、可以在财商计划的3个月内完成的目标。它们应该是你喜欢的，或你明白自己必须要做的事。

• 去听一场很励志的演讲。

（二）第2个月

1. 行为

a. 心理韧性

在第2个月里：

• 选择一个长期困扰你的（或无法解决的），让你觉得自己很无能的问题或事情，比如应付一个难搞定的家人或者一件麻烦的工作，然后下定决心一周之内都不再为此操心。

• 如果在遇到障碍的时候，有了想要赶快放弃的感觉，再试一次，或再努力一点。要坚信事情一定会有个好结果。

• 不要在你做很重要的事情的过程中放弃。要坚定你的目标，不要因为有些路段崎岖不平就丧失前进的勇气。

• 如果你相信你已经反复试过很多次了，那就和你的财商合作伙伴或可靠的朋友讨论一下，到底是什么在阻挠你，或者你是不是应该停止做这件事。

b. 自信

在第2个月里：

• 继续练习说No。先从那些不太可能产生严重负面结果的小事情开始。

• 继续练习对那些你一直想要友善地对待却没有做到的人说 Yes。

• 要是有人问"你想要做什么？"，不要害羞得不敢说出自己的 想法。

• 和某个与你关系重大的人做一次对谈。用一种不卑不亢的口 气，把你的意见清楚地传达给他。

• 在这个月的每一周选择你感觉不错的一天，用不带侵略性的 方式坚持你的权利。

c.努力工作和实现目标的能力

在第2个月里：

• 为自己没有在某个过去感觉很困难的事情上——比如严格遵 守你的预算，或完成一项繁重的文字工作——放弃奖励自己。

• 要是你偏离了目标，评估一下问题的严重性，然后回到轨道 上来。

• 挑出一个或多个你真心想要实现的目标，从你的日程表上挤 出时间来，在这个月就开始去完成，并按照时间顺序详细地写下要 添加的行动步骤。

• 为了防止自己分心，把你的电子产品都关掉。减少答应别人 的请求的次数，以此来节省时间。

d.人际效能

在第2个月里：

• 小心：要是你正急着寻求别人的认同，那你在人际关系的处 理上肯定不像你以为的那样有效率。

- 邀请2个以上的人与你共进咖啡，把你们交流的重点放在了解他们的生活上。

- 学习和应用马歇尔·罗森博格发明的非暴力交流法，这是一种可以帮助你清楚地说出你的需要和感觉，让你以更加有效率的方式和别人交流的沟通策略。

- 从这个月里挑出一天来，把自己打扮得光彩照人，给那些和你接触的人留下一个良好的印象。

- 把你在不同场合的感受记录下来，看看你在什么时候会感觉自在，什么时候会感觉不自在。你必须清楚让你不爽的是自己，还是别人或环境。你可以在以后用这些经验来指导自己该说什么，不该说什么，或该做什么，不该做什么。

e.财务效能

（a）理财能力

在第2个月里：

- 继续学习理财知识。检查信用卡对账单、银行对账单和经纪账户对账单。继续提高你在第1个月中确定的3个需要改进的方面。

- 了解你的纳税等级，以及哪些理财决策是适合你的。

- 建立一个未雨绸缪的储蓄账户，以备不时之需。每月往账户中存入一点点钱即可。

- 选择一件事情来刺激自己开始存钱（比如存钱去买你需要的或想要的某样东西）。

- 通过缩减你的某项开支来减少债务。你可以考虑缩减或取消某些属于你的欲望而非需要的消费项目（比如顶级的咖啡、用购物疗伤的习惯，或去外面改善伙食）。

- 平衡你的支票簿。

- 如果你已经超过30岁了，一定要开始准备你的退休金账户（这笔钱少点也没关系），每月往账户里存点钱。

（b）财务心态

在第2个月里：

• 开始写财务心态日记，在日记里把曾经引发你不安的具体情境或经历，还有那些你感觉很自在的和钱相关的情境或经历写下来。详细地描绘这些情境（包括你是和谁在一起），以及这些情境所引起的感觉或想法。

• 和两个不同的朋友谈谈你在培养财务心态上的进展，看看（并且写下来）他们是如何运用财务心态的。

• 通过图书、培训课程或顾问学习一些能让你感觉更有财务效能的必要技能。可以请你的朋友和同事提供一些建议。或到网上搜索当地有哪些可利用的资源。

2. 态度

a. 乐观

在第2个月里：

• 找出3种你希望能拥有的生活态度或感觉。用一种你已经拥有了这些态度或感觉的方式来表达。例如，不要说"我希望能获得满足感"，而是说"我感觉很满足"。

• 开始写自己的乐观日记，把渴望尝试的新体验列出来，这会为你提供一个让你变得乐观起来的契机。

• 当你感觉到愤怒或发现自己开始自怨自艾的时候，你要明白，不管是面对哪种情境，你都有选择自己态度的权利，负面的态度只会让结果变得更糟糕。

• 练习把一种悲观的态度转换成乐观的态度。如果你在用一种

"半空的杯子"的视角看待某个挑战，让自己歇口气，然后转换成"半满的杯子"的视角。

• 和你的财商合作伙伴或可靠的朋友一起检查你在练习乐观态度上的进展情况。

b.开放的心态和好奇心

在第2个月里：

• 培养自己的好奇心。通过向别人打听他们生活中的新鲜事或重要事情的方式，来为你们的谈话开个头。在谈话过程中，要把你的重点放在了解他们的生活上，而不是谈论你自己的生活。你可以问一些这样的问题，比如"能跟我多谈谈那个吗？你觉得那个像什么？你还有什么其他的新鲜事或重要的事情想和我聊聊吗？"去找一个生活方式和你截然不同的人。这个人可以是你的邻居、商店老板、普拉提课程教师或任何一个选择了和你不一样的人生道路的人。认真地了解他们的生活，然后由你来复述他们故事——他们的挑战、希望、快乐和悲伤。把自己想象成一个想了解别人故事的调查记者，从他们的经历中去挖掘可以应用到生活中去的东西。

• 和你财商合作伙伴或可靠的朋友一起，评估一下你在应用更开放的心态和更多的好奇心上取得的进展。

c.掌控自己生活的能力

在第2个月里：

• 把生活中你能够掌控，并且需要你采取措施的事情列成清单。先从最简单的事情开始，每周解决一个。

• 把当前的生活中你感觉失去控制的事情列成清单。这么做的时候，你可能会产生一些不好的感觉，要努力控制自己的情绪，或

196

请其他人来帮助你处理这些情绪。（请见下一条推荐。）

• 留心看看你会产生什么情绪，让你觉得自己非常脆弱或失去了控制。当你注意到了这些感觉时，请：

› 让自己"暂停"一会儿，然后重新集中精神，把情绪稳定下来。

› 回想一下你精神集中，掌控着局面和沉着冷静的时候或情境。

• 回忆一下你的自尊心很强，对自己的力量很有信心的情境。把这些记忆写下来，在你的自尊心受到打击时，可以有效地帮助你重新控制住局面，找回稳定的心态。

• 如果你注意到自己正在为一些你明知道没用的事情操心，可以试试下面这些方法：

› 给你的心理转个台：把全部注意力集中到一个不同的、尽在你掌握之中的问题上。

› 如果你意识到了自己的烦恼毫无意义，那就对它采取释然的态度，把它放下或干脆当它已经死去了。要想真的做到释然，你可能会经历"否认—气愤—争辩—沮丧—接受"这样几个阶段。如果需要的话，可以和你的财商合作伙伴聊聊，或向专业人士求助。

d.抱负

在第2个月里：

• 请你的财商合伙伙伴、教练或导师来激发你的雄心壮志。

• 继续完成你在第1个月中确定的3个较小的目标。

• 确定一个你想要在第2个月和第3个月里集中精力提高的领域（比如改善你的工作表现、用吉他弹奏一首更复杂的曲子、多锻炼几次，或提高你的网球水平），或一个单一的、野心勃勃的目标。

• 选择一件你真正喜欢做的小事，这个月就开始着手去做。

（三）第3个月

1. 行为

a. 心理韧性

在第3个月里：

- 继续执行第1个月和第2个月的行动步骤。

- 在大脑里想象一下自己正在执行一个会让你觉得不舒服的行动步骤，这能帮助你提高心理韧性。

- 停止反省那些长期让你感觉筋疲力尽和心烦意乱的问题。告诉自己：到目前为止，我对这个问题已经思考得够多的了，也已经采取了我能采取的一切行动了，继续纠结下去只会耗尽我的精神能量；这种感觉，就像开车停在一个永远亮着的红灯前，我只能等下去，而且发动机还要一直开着；所以，我会把这个问题先放到一边，我已经尽力了，现在只能接受现实了；我会把精力用到其他更有益的事情上去。

- 要想成功地实现一个你下定决心要做出的改变，你需要怎么做？不要再去瞻前顾后了。放手去干吧！比如说，如果你刚刚结束了一段恋爱关系，你想要从过去的阴影中走出来，而且你觉得自己做好重新开始约会的准备了，那就采取一些行动来寻找新的恋爱机会，比如制作一份网络交友的个人简介，并让别人知道你在寻找新的对象。

b. 自信

在第3个月里：

- 专门安排一天来做你真正想做的事。
- 继续拒绝一些人的请求，减少自己受挫的可能性。
- 在这个月里，至少3次在别人面前坚持正面的动机或回答。

• 选择两件你想做而且也需要你去做的事情，确保完成。

c. 努力工作和实现目标的能力

在第3个月里：

• 每周选择一天，挑出两个或三个你需要完成或想做的小事，在去干其他事情之前先把它们完成。

• 在这个月选择一件你能够乐在其中的事情，把它写进日程表。

• 每周给自己留出5分钟的时间，回顾一下你做完的事情，感受完成这些事带来的成就感。

d. 人际效能

在第3个月里：

• 在你第一次和某个人打招呼时，留心观察自己的表现，比如你的身体语言和开场白。就你观察到的东西而言，你觉得有必要改变你的风格吗？如果有必要的话，下次再招呼时不妨尝试其他的方法。

• 随着你和另一个人的交流不断深入，要留神自己什么时候又开始对自己或对方进行评判了，这会妨碍你有效地倾听对方。

• 用礼貌的方式表达你的不同意见是一门艺术，要多加练习。

• 试着和某个意见与你完全相左的人交谈一次，要抱着一种好奇和感兴趣的心态，而不要急着下判断。

e. 财务效能

（a）理财能力

在第3个月里：

• 和一位理财顾问或税务会计师约见一次，研究一下你的财务状况。

• 再建立一个账户，以备"更多的不时之需"，如果将来没有那么多"不时之需"，你还可以用这笔钱来享受一下。

• 检查你的保险金，确保这笔钱能满足你的需求。在不同的保险公司之间做一下比较，挑选最适合你的。

• 检查你的理财计划，包括你希望自己去世后如何处理房子里的物品。比如，你可以制订一个简单的所有权方案，避免将来由法院处理你的财产，你可以创建一个生前信托。如果你现在还没有这些东西，赶快和你的顾问约个时间。

• 检查你所做的慈善捐助。这些捐助应该符合你的价值观，更重要的，要符合你的财产状况。

（b）财务心态

在第3个月里：

• 每周检查一次你的财务心态日记。考虑一下通过改变哪些态度和行为，你可以获得更多的财务心态。例如，想象你正和几个人一起共进午餐，话题突然转到了"市场波动"上。你开始感觉不舒服，因为你不明白他们在说什么。下一次，不要默默地退出他们的谈话，暗暗地指责自己像个傻瓜，你应该大方地请他们解释一下"市场波动"到底是什么。

• 你邀请别人共进午餐，或你接受别人的午餐邀请，在两种情况下你的感觉有什么不同？各有什么感觉？你是更喜欢馈赠者的角色，还是更喜欢领受者的角色？如果你在思考中发现了妨碍你获得财务心态的问题，那就采取措施来改变必要的行为或态度。

• 如果你是个节俭的人，在这周犒劳一下自己。如果你是个大手大脚的人，请在这周打消买某个你很想要的东西的念头。

• 继续学习、讨论和阅读有关金钱和个人理财的材料。

2.态度

a.乐观

在第3个月里：

- 继续执行你在第1个月和第2个月里发现的非常有效果的行动步骤。
- 在这个月里让自己随心所欲地懒散一天。
- 回想过去某个艰难的情境。问问自己，你能从中学到什么？不要问你该怪谁？
- 和乐观的人谈谈，看看你和他们在一起时有什么感觉。
- 只有乐观的眼睛，才能发现机会的存在。

b.开放的心态和好奇心

在第3个月里：

- 和你认识的，并且在某个话题上和你有不同想法和信念的人做一次交谈。把完全理解他们的观点作为你谈话的目标。
- 大胆地尝试某个你通常会拒绝的娱乐话题或娱乐活动。
- 找到某个家庭成员或亲密的朋友，问问："你有关于你的重要的事情想让我知道的吗？"
- 在某个社交场合，找个你不太熟悉的人聊聊，要对他的生活表现出好奇心。多问问题，多听少说。

c.掌控自己生活的能力

在第3个月里：

- 做决定之前，先花时间好好考虑考虑。要是有人在电话里需要你做出决定，你可以先挂断电话，稍后再打给他。
- 要让别人知道你什么时候方便接电话。

201

• 要是一些琐事让你觉得对生活失去了控制，那就先停下来，回想一下你的优先事项和价值观，重新找回方向。

• 找出生活中某个让你感觉有压力，而你又有能力解决的问题，不要再拖延下去，马上集中精力去解决。

• 选择某件你一直想做而未做的事，马上去做。

• 选择某件你一直想停下来但还没停下来的事情，立刻停手。

• 感觉生活不顺的时候，问问自己：对于这种情况或结果，我自己负有什么责任？要想尽到自己的责任，我将来应该采取哪些不同的措施？

d.抱负

在第3个月里：

• 完成某个你之前一直逃避或推迟的任务。完成之后，给自己一点奖励。

• 把下面的声明填写完整：我郑重承诺，这个月要采取行动来完成＿＿＿＿＿＿＿＿。

• 把下面的声明填写完整：我要在这个月克服妨碍我的＿＿＿＿＿＿＿＿＿。

‖（四）每个月‖

1. 行为

a.心理韧性

在每个月里：

• 要注意观察自己，时时向自己发问："有哪些态度和行为在扯我的后腿？"

• 要留心观察自己通常会采用哪些形式的消极的自我否定。比如告诉自己一定是你犯了什么错误，或者你渴望的升职永远轮不到你头上，那所房子你永远也买不起，或你的伴侣总是比你能干、比你容易相处。想想看，下次你再这样否定自己的时候，怎样才能把精力转向那些你能做到的事情上去。

• 当你意识到自己在不自觉地进行自我否定或自我欺骗时，可以有意识地暂停一会儿来打断它。这好比你在接电话时突然接到了另一个电话，可以按下"hold"键请对方先不要挂机，你先去接另一通电话。在暂停的时候：

› 用一些积极的自我对话，来代替消极的自我对话。

› 提醒自己身上的优点和取得的成就。

› 告诉自己还会有其他机会的。

› 不要让自己困在今天。告诉自己明天事情又会是一番全新的面貌。

• 对待所有积极的结果，不管它是多么的微不足道，也要给予肯定。

b. 自信

在每个月里：

• 在说话的时候，练习用肯定的口气和句子来结束你的话，不要让自己的话听起来很不确定，像是在问问题一样。

• 注意你的肢体语言：身体要站直，要看着对方的眼睛。

• 当你没有犯错的时候，不要道歉。

• 注意，在和别人起了冲突的时候，脸上不要露出"不自觉的微笑"。如果你天生是个爱笑的人，更要注意自己微笑的场合和方式。

• 下次在你的话被别人打断的时候，让打断你的人知道你刚才的话还没说完。

• 把你的意图清楚地表达出来。

• 不要一直过分地"压榨"自己。

c. 努力工作和实现目标的能力

在每个月里:

• 在通往富足生活的旅途上,不要忘了你可以向财商合作伙伴、导师、朋友或同事寻求帮助。

• 养成在每天早上或晚上制作当天或明天的任务清单的习惯,并把当天重要的事情牢牢记在脑子里。

• 至少要留出两个小时不受任何干扰的时间,专心完成一件重要的事情。

• 脑子里要一直惦记着你最重要的目标。

• 给自己设定的目标一定要实际,要能够实现。

d. 人际效能

在每个月里:

• 多问些有助于你理解别人话语的问题。

• 即使别人不同意你的观点,你也要坚持。

• 对于自己的想法和感觉,一定要去验证是否准确。

• 对于别人的想法和感觉,也要加以验证。

• 即使是在别人暴躁或情绪激动的时候,要掌控好自己的情绪。注意不要让自己的语气或语调透露你的情绪。

• 对自己的行为保持警觉:我是在用坦率且放松的方式和别人交流吗?

• 也要留神听别人话里的弦外之音,并做出恰当的反应或回应。

e.财务效能

（a）理财能力

在每个月里：

• 坦然而认真地检查你的银行和信用卡对账单。如果你读不懂，问问你的财商合作伙伴、朋友或财务顾问。

• 用30分钟时间为退休做些打算。

• 至少削减一项开支，把钱存入你的储蓄账户或投资账户。

• 养成在消费之前先冷静思考的习惯，确保在这种消费不会违背你的价值观和你的计划。

（b）财务心态

在每个月里：

• 在这3个月里的每个周一，列出自己在想到下列与钱相关的活动时的情绪或想法：

　› 挣钱

　› 投资

　› 存钱

　› 消费

　› 捐赠

• 每周反省一下自己，看你的感觉或想法是不是在推动着你向正确的方向前进。如果答案是否定的，思考一下自己到底应该有什么感觉和想法。

• 在和朋友或同事谈论消费的话题（衣服、房子、汽车、玩具和度假等）时，注意一下你们对彼此的评价。看看这些评价是如何让你或他们产生不安的。

• 多阅读一些有用的文章，以便自己能用更放松的态度去处理一些金钱或财务问题。

2. 态度
a. 乐观
在每个月里：

• 每周开始的时候，要让自己相信，你认为不可能的事情实际上是可能的。

• 想象一幅未来的美好图景。

• 要坚信自己可以应付并能战胜挑战。

• 在感觉困惑的时候，要多想想事情积极的一面，把消极的感觉和想法放到一边。

• 聆听内心发出的自我否定的声音。一旦注意到了这种声音，试着终止它，让精神回到更加积极的状态中来。

b. 开放的心态和好奇心
在每个月里：

• 多练习用"初学者的心态"来和别人打交道。即用一种新鲜的和开放的心态去接触某个人或某个话题，就好像这是你们第一次接触一样。

• 经常问问自己，特别是在事情变得糟糕的时候：我能从这种情况中学习到什么？

• 如果你发现自己的心灵变得封闭起来了，且先暂停一会儿，尽力用另一种视角找出某件事情较为有趣和有价值的一面。想象你是另外一个人，和自己讨论这个新的观点。

c. 掌控自己生活的能力
在每个月里：

• 不要那么快放弃你的权利或权力。

• 在感觉到失去控制的时候，要注意自己的想法和感受。找出到底是什么触发了你的情绪失控，或让你感觉对事情失去了控制。要不断地总结经验，以便有效地处理自己下次失控的情况。

• 要是别人请你做什么，不要那么快答应。告诉对方你需要考虑一下，等考虑清楚了再答复对方。

• 要是你决定了要解决你和别人发生的冲突，那就和对方进行对质，告诉对方他在冲突中扮演了什么不光彩的角色。尽管这样做一开始会很困难，但可以帮助你更好地控制住局面。

• 在你没能做到或不想去做某事的时候，不要急着为自己辩护或寻找借口。

• 把你的某些工作指派给别人去做。

• 设定的目标一定要有可行性。如果你对完成目标所需的时间估计得太多或太少了，那就需要对目标进行调整，或调整你要采取的行动，或时间表。

• 对待你的个人和社会责任，要像对待你的工作一样，把它们写进日程表里，并严格执行。

d. 抱负

在每个月里：

• 说到抱负，自尊是非常重要的，因此，你要善于从别人的话里发现对你的恭维，也要学会恭维自己。

• 停止做那些对追求目标无益的事情。

• 一旦自己拖延起来，要能够立刻觉察到，问问自己在拖延什么事情。对自己宽容一些，不要急着自责。

• 不要总拿自己和别人做比较。提醒自己这种比较不但毫无用处，还会阻挠你前进的脚步。

- 面对批评和不安，不要转身就逃。
- 要端正心态，不要为了让自己有野心而有野心。
- 承担一个志愿项目。比如做儿童运动队的教练、组织一次艺术活动、自愿接手学校或工作上的一个独立项目等。

二、完成财商3个月计划：评估你的成果

如果你严格执行了你的3个月计划，尽了最大的努力去追求目标，那么恭喜你！你已经迈出了开启财商的最关键的一步。现在的你，有能力让自己的人生实现重大变革，为自己的人生把握正确的方向！

接下来，你应该对你取得的成绩、下一步你想做什么，以及你希望在生活中拥有哪些新的态度和行为做一下评估。看看自己取得的成果：把你在设定的每个目标上的进展列成清单。要把关注的重点放在你前进的脚步上，不管你的步伐多么微小，也不管中间你有过多少次停顿、走过多少弯路，你都要替自己感到骄傲。记住，习惯一旦长久，改变就成了挑战：龟兔赛跑，赢得比赛的通常都是乌龟。

接下来再看那些阻挠你实现目标的障碍。针对每一个目标，你应该：

1.列出你没有完成的或发现做起来很困难的行动步骤。

2.针对这些行动步骤，找出：

a.妨碍你的外部因素——别人的行为、经济形势。

b.妨碍你的自身因素——你的心理防御机制。

如果你认真谨慎、坚持不懈地执行了你的计划，我们绝对相信你会开启你的财商。如果读到这里，你仍然没有制订和执行一份计划的兴趣，那么我们只有建议你选择接受，接受你的现状以及在人生的这个阶段你想或不想做什么，以此来寻找你的力量和心灵的平静。

AFFLUENCE INTELLIGENCE

第 12 章
富足，就是心灵的自由

Earn More, Worry Less,

and Live a Happy and Balanced Life

蒂姆是田纳西州一家制造公司的一名中层管理人员。在公司，不论是上级还是下属，都对他赞赏有加。蒂姆非常敬业，极少在晚上七点半前到家，而且大多数时候周六都会加班。他的工作业绩非常出色，他正打算买一辆新车和一艘渔船；但在2008年，他所在的公司被另一家跨国公司并购了。在金融危机最严重的时期，管理层决定缩减他所在的部门，大部分员工都被遣散了，包括蒂姆。

蒂姆被这个消息惊呆了。这份工作他已经做了15年，而且工作上一直表现良好。结果，公司只给了他3个月薪水的遣散费，还有3天时间来清理他的办公桌。他立即开始寻找新的工作，但一无所获。

我们知道，我们所说的要有远大的目标，要按照你的优先事项安排你的生活，要努力实现富足，这些话在人们生活艰难的时候，听起来很有些刺耳。人们失去了工作，房子要被银行收回。他们告诉我们，他们不得不学着走出贫困带来的焦虑，逼迫自己换个新的角度来认识自己。他们不得不改变自己的生活方式。一些人成功地将自己的新生活变得比之前更好一些。

在这段艰难的日子里，蒂姆和妻子反思了他们的价值观。没有工作的日子促使他对"什么才是真正重要的东西"做了深入和艰难的思考。他们重新考虑了他们的未来，决心一切要推倒重来。出乎意料，他们很快得出了结论：他们的优先事项是内心的安宁，还有能够为他们提供生活保障的效率（工作），而不是一罐金子或多大的权力。他们希望去一个中小城市定居，在那里他们可以好好地结识自己的邻居，那里应该有一所不错的公立学校，而且离他们家不超过2小时的车程。他们会量入为出的生活，扔掉所有的信用卡。他们可以在那里好好地抚养他们的女儿。最好附近还有山，因为蒂姆说："当我们去山里野营或散步的时候，就是我最满足的时候。"

蒂姆改变了他的求职策略。他开始在符合他们定居条件的区域搜寻，而不是随便哪里的工作他都会考虑。他在蒙大拿州选定了6个城市。在去拜访其中一座城市的学校时，蒂姆注意到了广告栏里一则招聘信息，是一个底层的管理职位。他去应征，并得到了这份工作。他的妻子也把护士的工作转移到了当地的一所医院里。虽然他们的收入比以前少了，但蒂姆几乎每个晚上都能回家吃饭，也可以和家人一起享受他的周末了；而且开车不到30分钟，他就能深入他热爱的群山之中。蒂姆还开拓了一份兼职的咨询业务，他的财务管理经验正好可以帮助那些处于转型期的企业。

这场经济衰退，竟给蒂姆和他的家庭带来了意想不到的好处。现在，他是按照自己的核心价值观驾驭着自己的生活，而不是一心想着如何攀上更高的职位。我们的消费文化的特征，是无穷无尽的欲望，"我要更多！更多！更多！"而蒂姆成功地摆脱了它。他明白要想获得真正的富足，生活的质量是最根本的。因此，他和妻子选择了这样的生活方式：他们根据自己想要的生活方式和养育女儿的需要，来决定挣多少钱。正如我们从几百个家庭中看到的，当你按照自己的核心价值观来安排你的经济生活，并且愿意坚持不懈地努力工作，那么你成功的概率就非常高了。

　　我们相信，对一个人来说，能够毫不动摇地坚信自己的能力是至关重要的，他必须相信自己能做成任何需要做的事情。当你为自己的生活担起责任，对自己说："我要认真对待自己，我要让我的生活变得更好。我知道能让我的生活发生重要的和根本的变化，我有这个能力，我愿意为此做出郑重的承诺。我相信自己的能力足以完成需要做的工作，日复一日地履行承诺。我会不断地扩展自己的极限，到达一个连我都不曾想过的高度。"此时，你已经是一个全新的自己了。对某些人来说，比如蒂姆，这个承诺是接受"少就是好"的人生观，过起简单的生活，更好地去体验他们热爱的东西。对另一些人来说，这个承诺则是让自己拥有得更多，开阔自己的眼界，创造一种和他们最重要的优先事项保持一致的生活方式。

　　在最后几章，我们主要关注的是一些关于如何开启财商的细节。现在，我们希望你能从细节中摆脱出来，从更宏观的角度思考一下，富足对你来说意味着什么？一次又一次地，我们看到我们的客户完成了自己的蜕变。他们提高财商之后确实挣到了更多的钱，但钱并不是唯一的目的，他们也同样是为了获得了更好的人际关系、更少的焦虑、更健康的身心，发现生活中更多的快乐和可能。简而言之，你可以过上更好的生活，不管你有什么样的技能和优点，也不管你有怎样的缺点或将面临怎样的挑战。

　　完成前面的测试，得到你的分数，这只是迈出了这场旅行的第一步而已。我们希望你能坚持下去，完成必要的转变。这样，你才能看到，对你来说生活中还有其他的可能。不妨先用一小会儿时间来恭喜一下自己吧，因为你是个足够明智的人，你认识到了自己的生活可以更好；然后，请你足够勇敢地、尽量客观地评估一下自己。

　　开启财商，好比转动钥匙打开了一扇通往自由的大门，你会感觉到自己有能力对人生进行选择和控制了，可以创造出一种与你最深切的需要契合一致的生活。当你打开这扇门，你就会用一种全新的、诚实透彻的眼光看待自己。或许它不如你想象的那般完美，但肯定要比今天的它更加富足。这是一种你的行动和目标更加一致的生活；一种被你精神内在的力量驱动着的生活。

你可能会嘀咕："执行这个计划能让我变得富有吗？等到这段旅程完成的时候，我能得到更多的钱吗？"我们可以肯定地告诉你，如果你遵循这个计划，你会变得更加快乐，学会用一种富足的态度面对生活。你也会有很大的机会变得更加富有。但总而言之，就像莎琳说的，银行户头里再多的"0"也给你买不来自尊、爱或感激。（别忘了，关于财商的5种优先事项中，只有一个涉及了钱。）开启财商的目的，在于使你获得我们所说的"财务满足感"，即一种在金钱和自我实现之间取得平衡的生活方式。

此时此刻，正是一个发现你的财商和发挥其影响力的历史契机。金融风暴的恶果，是为所有人敲响的一记警钟，对银行业来说如此，对每一个人认识和计划日常生活的方式来说，也是如此。时代要求我们反思究竟什么才是我们所珍视的东西。那些大型机构过分执着于"眼前的利益"，丢弃了它们存在的理由，放弃了它们的社会责任；它们制造的浩劫，我们全都看得清清楚楚。确实，对于其中某些公司来说，它们的短见不仅把自己送进了坟墓，也为地球上大多数人造成了巨大的影响。当我们执意以偏概全，认不清自己是谁以及自己会为什么而快乐的时候，我们在犯同样的错误。现在，我们有了机会来重新思考事情的轻重缓急，去最大限度地展现自己的优点，开辟出快乐而自在的新生活。该是我们严肃地看待自己的选择和目标的时候了，只有这样，我们才能在自己、家庭和社会责任之间取得最佳的平衡，满足我们最深层次的需求和欲望。

除了运气和机会，是什么让我们的客户变得富有，而后又守住自己的财富的呢？毫无疑问，我们的客户已经向我们展示过了，引领他们走向成功的，远不是他们对金钱的迷恋。他们所做的，恰好是我们在这本书中反复谈论的：他们渴望去做，并且真正地去做了他们心中最重要的事情；通过采取正确的符合财商的态度和行为，他们总能够在需要的时候做出正确的选择，为自己带来个人和财务的满足感。我们来听听乔治是怎么说的，他是一名60岁的建筑商，依靠个人打拼成了百万富翁。他的子女问了他这样一个问题："你成功的秘密是什么？你做了哪些别人不会做的事呢？"

他这样回答：

> 我要为我们的好运气感谢上帝。世界上有许多和我们一样努力工作，和我们工作时间一样长，却没有得到丰厚回报的人。不过，我每天醒来都会兴奋不已，做好准备迫不及待地要去工作。我们组建了一个公司。真的，整个公司就像一个团队一样运转，每个人都奉献出了一切。每个人都主动申请做自己擅长的事，而且在需要时从来不介意再多奉献一点。每天我们都全力以赴，竭尽所能，诚实相待，其乐融融。我们一起玩乐，我们关心彼此。是的，我们很擅长推销我们的技术，而且很幸运地处在一个经济蒸蒸日上的地区。当然，我们想要赚到更多的钱。但我们创建这个公司是为了施展我们的才能，并不是为了取得一个具体的经济目标。我们很认真地听取客户的反馈。我们尽力让他们满意而归。我可以诚实地说，就算我没能挖到金子，今天的我还是会很高兴。我一直记得的那些最好的日子，是头几年我们努力拼搏的时候。我们不得不疲于奔命地考虑如何让我们的努力产生最佳的效果，保留住生存下来的希望。从我的一生中，我发现当我遵循自己的兴趣和才能时，就会成功。这也是我希望我所有的孩子们能明白的道理。

正像乔治的故事一样，如果你跟在富足的人后面，看看他们通常是如何度过一天的，你会发现他们很清楚如何使用自己的时间，他们喜欢冒险，但绝不会冒不自量力的风险。这些人自信而谨慎、风趣而专注，喜欢作为领袖来组建团队，喜欢向人馈赠。和我们所有人一样，他们也有软弱之处和缺点。但他们并不觉得羞耻以至于不愿承认；他们会去解决它们，或用开放的心态从中学习。

不管你的钱包多大或多小，生活就是一次云霄飞车之旅。人人都想拥有最安全的交通工具。某些人生来就得到了，但大多数人却必须保持警惕，努力不让自己飞出轨道，安全着陆。这不是意味着我们要和《隔壁的百万富翁》里的人物一样，用最保守的方法处理自己的财富，把每一分钱都存起来以备不时之需；而是要像那些拥有大局观的人一样，在清楚自己处于整个人生的哪一个位置的同时，懂得享受当下。不要让你的双眼离开目标，这会给你洞彻全局的能力，即一种为人际交往、工作或活动忙碌，但又不会被它们淹没的方式。人生只能活一次，带着这种认识去生活吧。

如果你觉得自己的生活无可挑剔，那可真是太棒了。但要是你感觉生活缺少了什么，或某些别人拥有的什么东西你没有，你想要从那些生活得富裕且快乐的人那里学习，那就下定决心使用这些策略吧。

我们相信，在对待生活这个问题上，拥有财商的人和那些走上了神圣的灵修道路的人有着相似的观点：他们全身心地投入到生活中去，但不会把生活的某个方面等同于它的全部。在第8章，我们讨论了"执取"这种心理防御机制。它涉及了一种紧追不舍、视若珍宝、紧握不放的依恋心理，以至于一个失望便足以使一个人迷失自我，好像生活就此以悲剧收场了。当我们陷入了这种失望之中，必须要从这种失去一切的感觉中抽身出来，要看到这只是人生的一个插曲而已。在这种情况下，使用"相容"的能力会非常有用。这种能力（我们每个人都有）需要我们能够和他人建立起紧密的关系但又不会失去自我，它可以在恋爱关系中培育出一种独特而温柔的亲密感。

是的，这便是成功之道。当你带着热情和毅力追求目标时，要知道过程本身便是一种回报。在冥想的练习中，精神修炼的核心是获得"用理智坚守心灵"的体验，而不是获得体悟或是涅槃（这些体验都只会在转瞬即逝的刹那到来）。同样的，如果你能够始终如一（明白生活中总会有好日子和坏日子）地认真执行财商计划，你一定会取得成功。财商计划的终极目标是心灵的自由，一种安全和自主的感觉，一种发现对你来说可能的选择，并且能够整合你的资源，对外部环境做出有效反应的能力，不管是你能够控制的环境，还是不能控制的。

和任何一个自我提高的方案一样，不论是节食法、运动养生法，还是生活中其他的计划，只有持续地付出努力，你才能成功。我们希望你能将对生活的期待，以及对从生活得到什么的认识调整到一个适当的位置，为今后的人生奠定一个新的基础。通过坚定不移地执行你的财商计划，让它成为现实吧。如果你想获得财商，必须全身心地投入。这意味着要专注、坚持和自信。如同我们的一位客户喜欢说的，你必须"做你说的，说你做的"。

你必须忽略内心那些说你不配获得成功的负面声音，而要听一听内心那些渴望对你来说最好的结果、渴望富足的声音。你必须把精力集中在最重要的事情上，履行你的承诺，管理你的防御机制，让它更多地促进而不是阻碍你，以此来创造财富。对某些人来说，这需要做大量艰苦的工作，而对另一些人来说，这简单得就和平常对你不喜欢的东西说"No"，对喜欢的东西说"Yes"一样。这意味着再也不要给自己找借口，而要对自己和整个过程保持一种深刻而坚定的信念。完成你的跨越吧。

最后，尽管有足够的钱满足个人的需求和欲望很重要，我们相信生活不应该完全被金钱支配。事实上，真正能挣到钱的人，绝不会把守住财富或维护家庭团结作为自己的核心价值观。抱有这样的价值观的家庭，都逃脱不了"富不过三代"的诅咒：在超过80%的案例中，前人积累的财富都会在第三代手里挥霍殆尽。

会有富人用钱来追求权势，追求影响力吗？绝对有。但要是权势成为一个人追求财富的驱动力，他能获得的成果总是有限的，也不可能获得深刻的、持久的个人满足感。我们都听过一些富有却孤独的人的故事，他们住在一所像是镀金笼子的屋子，只会在购买生活必需品或非必需品时才会离开家，他们发现自己生活在一个谁也靠不住的世界里，"朋友"不过是他们用钱买来的。他们的生活缺少意义和目标，与人交往中也没有乐趣，他们总是心神不宁，总是在寻找什么消遣来填补空虚。举个例子来说，我们的客户马克斯就极度害怕别人发现他继承了数百万美元。他生活在西北部一座小城市的一个上层中产阶级家庭。他完全陷入了恐惧之中，害怕这些钱会把他引向堕落、痛苦或招来人身伤害。所以他便藏起来，假装这些钱不存在。他从压力之中获得的唯一喘息是偶尔到曼哈顿去，在四星级酒店待上一两周，随心所欲地消费（在纽约他只认识几个人，而且没有什么关系亲密的朋友），然后再返回到他沉默的生存状态中去。

这可不是一种富足的生活。这是富有、孤独和沮丧。通过提高你的财商，你会从自己身上、你爱的人那里，还有你的社区里享受到更多的快乐和满足。你，像霍华德、莎琳、艾米或大卫一样，可以成为领导者和团队的成员，成为社区里的楷模。金钱、意义和选择研究所的建立，源自马克斯和更多我们见到的有了更多钱，却招惹了更多麻烦的人的故事。而那些充满了胜利、热情和乐观的人的故事则引导我们完成了这本书。正是从这些美国人的成功故事中，我们认识到了在生活中实现财商的7个要素的重要性。这些要素并没有主次之分，包括拥有足够的钱在内。

我们把我们的职业生涯奉献于帮助人们过上更好的生活。我们也希望你能生活得更好。和那些非常富有，也同样非常有操守，用心地经营自己的人际关系，关心帮助他人的人们的交流，让我们获益匪浅。但最触动我们的是，他们和我们并无多少不同，他们不是什么珍稀品种，或是出身名门，或是聪明过人，或是华丽迷人。到底是什么把他们同我们区分开来的呢？答案是他们相信他们能够改变自己的人生。尽管他们并不是完美的，尽管他们并不总是能交上好运，尽管人生的路上也会有弯路和颠簸，但他们相信，富足对他们来说是可能的，他们有力量做到保持专注，从周围的世界中找到资源来改变人生。他们做到，你也有可能做到。

富足就在你的掌握之中。想象自己手中握着钥匙，看着钥匙插进锁眼，听到齿轮转动的声音，咔哒，锁开了！现在，钥匙就在你的口袋里，等待着你用你的进取心和勇气开启你的旅程。让财商钥匙释放出你身上的力量吧，把你变成一个更好的自己，获得更多的财富。

开启你的财商的钥匙：

调整你的态度：立下承诺，完成工作。

保持信心：相信自己，相信你的目标。

过程即结果：通往目标的旅程和实现目标一样令人愉快（甚至更加愉快）。

每个选择都有代价和回报：不必为你的选择懊悔。

停止无意义的行动：确认对你真正重要的事情。每天提醒自己。

你是自己未来的建筑商和创造者：不要让过去的阴影盖住你的未来。

保持大局观：不要把一点快乐当作你幸福的全部。

从小处着手：开始行动本身就是一种成功。

记住，财富的价值绝不等于自我价值。

开启你的财商，过上一种真正能够反映你自己的生活吧。

我们想要感谢为本书做出贡献的众多同事和朋友们。首先想要感谢埃尔莎·迪克森，她用自己的书写、编辑和精彩的创意，让这本书成为现实。她是一块无瑕的美玉。我们也要向我们的文稿代理人马克·杰拉尔德献上谢意，他看到了这本书的潜力，并在它的创作过程中给予了巨大的鼓励和坚定的支持。我们感谢Da Capo出版社的执行编辑凯蒂·麦克休，因为是她选定了这个项目，并通过自己的编辑工作和艰苦的努力，来不断完善我们的原稿。

我们想要对我们所有的客户表达最深切的敬意，从他们那里，我们学到了太多东西，尤其要感谢的，是那些允许我们在书中分享他们的故事和人生的客户。我们感谢你们对我们的工作诚心实意的信任；能够为你们提供指导，帮助你们找到财富、健康和成功之间的平衡，既是我们的荣幸，也是我们的快乐。我们还想向我们的同事致谢，特别是那些坚定地支持我们的工作的人：纽约私人银行的史黛西·阿尔弗雷德和凯伦·克莱茵以及梅丽尔·林奇，迪克·汤普勒；潮汐基金会的常务董事爱德雷斯·马雷夫；我们的灵感和智慧的源泉皮特·怀特和小杰伊·休斯；丹尼斯·杰菲；保

221

罗·舍维什；马克·罗伯斯；达西·加纳；约翰·斯塔巴；玛丽·梅瓦；特里·鲁迪；罗伯特·格拉汉姆；巴伯·考沃尔；丹尼斯·皮恩和梅根·麦克尼利·格拉夫斯——所有为我们的工作奉献了他们的鼓励和支持的人。

我们各自也希望能够对家人和特殊的朋友表达感谢和感激：

我，史蒂芬·古德巴特，首先要感谢我的妻子埃斯特尔·弗兰克尔。没有她持续不断的支持和鼓励，我几乎不可能完成我在这本书中的工作。她一直是我的缪斯女神，为我提供了极其宝贵的建议。自始至终，她都是我富有同情心和爱意的伙伴。我要感谢我的儿子埃兰的支持，他对一个人按照自己的价值观生活和培育自己的平衡及承受能力的重要性有着深刻的理解。我要对我的姐姐多萝西·克拉克博士致以特别的谢意，她是一名英文教授和诗人，也同样是我获得道德和理性的支持的一个源泉。还有我的父母梅耶尔·古德巴特和蕾切尔·古德巴特（愿他们安息），他们从不吝惜为我提供无条件的爱、支持和鼓励。他们也是勇气、心理韧性、乐观和坚毅等品质的出色楷模。还要感谢我亲密的朋友和同事们对我的爱护和支持：在我迷途中的指引者、心理学家安德鲁·肯德博士；医生和讽刺大师亚当·杜汉博士；拉比·迈克尔·赖默，他一直是我们的挚友和慷慨的支持者，一开始就看到了我们的潜力，是最早出版我们的著作的人；迈克尔·齐格勒，我的好伙伴，不，好兄弟和热情的支持者。他们如同我的家人一样，在我陷入困难的时候给予我鼓励，在我获得成功的时候和我分享快乐。他们热切的鼓励（有时候可以说是盲目的乐观），一直都会被我铭记于心。最后，我想要感谢我的顾问和同事们，他们全都是极好的、明断的听众，为这本书贡献了他们自己的想法。

我，琼·迪芙利雅，想要把我最深切的感激和感谢，送给那些我生命中重要的人，他们为我提供了私人的和专业上的支持。首先，我要感谢我的儿子罗斯和杰，他们是我生命中最棒的礼物，他们的爱和支持给予了我人生中不可估量的，只有从他们那里才能得到的意义和决心。我还想要感谢我的生活伴侣罗伯特·费舍尔，感谢他敏锐的商业头脑和智慧，还有他非凡的保持耐心、爱和支持的能力。他是我最重要的拥护者，一直在为我的工作奉献永不枯竭的热情。我要感谢我的同胞埃兰、路易斯、鲁斯和芭芭拉，他们是我的家人，更是我重要的朋友和精神支柱，一直为我摇旗呐喊。感谢我亲爱的朋友和商业导师查克·龚伯兹，感谢他长久以来的指导、支持和慷慨。感谢我的父亲哈里·英德斯基，他教给了我这么多关于商业、坚持和奉献的东西；我的母亲伊芙琳她第一个教给了家庭是什么——你将永远与我同在。当然，还有我的朋友们，你们是我的无价之宝，陪伴我度过了每天的考验和磨难。你们每一个人都用自己的方式丰富了我的生活，每天都为我送上了鼓励，陪伴我左右，爱着我。